普通高等教育"十四五"规划教材 "互联网+"创新系列教材

U0668852

机械原理
课程设计指导书

JIXIE YUANLI KECHENG SHEJI
ZHIDAO SHU

◎ 主　编：王湘江　何哲明
◎ 副主编：龙东平　戴　娟　杨　毅　刘柏希

Mechanical

中南大学出版社
www.csupress.com.cn
·长沙·

内容摘要

本书是根据教育部机械基础课程教学指导分委员会最新提出的"机械原理课程教学基本要求（修订稿）"编写而成。共分为 6 章，主要内容包括：绪论、机械系统运动方案设计与创新、用图解法进行机构分析与设计、用解析法进行机构分析与设计、典型机构的分析与设计、机械原理课程设计题目及课程设计资料，特别介绍了 MATLAB、AUTOCAD、EB 等软件在机构设计与分析中的应用，将软件技术和工程实际结合起来，努力提高学生运用现代化辅助设计手段的能力。

本书可作为高等学校机械类各专业机械原理课程设计用书，也可供其他有关院校以及工程技术人员进行机械运动方案分析设计时参考。

图书在版编目（CIP）数据

机械原理课程设计指导书 / 王湘江,何哲明主编. —长沙：中南大学出版社，2011.12（2021.1 重印）

ISBN 978 - 7 - 5487 - 0246 - 7

Ⅰ.机… Ⅱ.①王…②何… Ⅲ.机构学－课程设计－高等学校－教学参考资料 Ⅳ.①TH111

中国版本图书馆 CIP 数据核字（2011）第 073216 号

机械原理课程设计指导书

主编：王湘江 何哲明 副主编：龙东平 戴 娟 杨 毅 刘柏希

□责任编辑 谭 平
□责任印制 易建国
□出版发行 中南大学出版社
　　　　　社址：长沙市麓山南路　　　　邮编：410083
　　　　　发行科电话：0731 - 88876770　　传真：0731 - 88710482
□印　 装 长沙市宏发印刷有限公司

□开　 本 787 mm×1092 mm 1/16 □印张 9.25 □字数 229 千字
□版　 次 2011 年 12 月第 1 版 □2021 年 1 月第 7 次印刷
□书　 号 ISBN 978 - 7 - 5487 - 0246 - 7
□定　 价 28.00 元

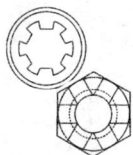

普通高等教育机械工程学科"十四五"规划教材编委会
"互联网＋"创新系列教材

主 任

（以姓氏笔画为序）

王艾伦　刘　欢　刘　滔　刘舜尧　孙兴武

李孟仁　尚建忠　唐进元　潘存云　黄梅芳

委 员

丁敬平　万贤杞　王剑彬　王菊槐　王湘江　尹喜云

龙春光　叶久新　母福生　朱石沙　伍利群　刘　滔

刘吉兆　刘忠伟　刘金华　安伟科　李　岚　李　岳

李必文　孙发智　杨舜洲　何国旗　何哲明　何竞飞

汪大鹏　张敬坚　陈召国　陈志刚　林国湘　罗烈雷

周里群　周知进　赵又红　胡成武　胡仲勋　胡争光

胡忠举　胡泽豪　钟丽萍　侯苗苗　贺尚红　莫亚武

夏宏玉　夏卿坤　夏毅敏　高为国　高英武　郭克希

龚曙光　彭如恕　彭佑多　蒋寿生　蒋崇德　曾周亮

谭　蓬　谭援强　谭晶莹

总序 FOREWORD.

　　机械工程学科作为联结自然科学与工程行为的桥梁，它是支撑物质社会的重要基础，在国家经济发展与科学技术发展布局中占有重要的地位，21世纪的机械工程学科面临诸多重大挑战，其突破将催生社会重大经济变革。当前机械工程学科进入了一个全新的发展阶段，总的发展趋势是：以提升人类生活品质为目标，发展新概念产品、高效高功能制造技术、功能极端化装备设计制造理论与技术、制造过程智能化和精准化理论与技术、人造系统与自然世界和谐发展的可持续制造技术等。这对担负机械工程人才培养任务的高等学校提出了新挑战：高校必须突破传统思维束缚，培养能适应国家高速发展需求的具有机械学科新知识结构和创新能力的高素质人才。

　　为了顺应机械工程学科高等教育发展的新形势，湖南省机械工程学会、湖南省机械原理教学研究会、湖南省机械设计教学研究会、湖南省工程图学教学研究会、湖南省金工教学研究会与中南大学出版社一起积极组织了高等学校机械类专业系列教材的建设规划工作。成立了规划教材编委会。编委会由各高等学校机电学院院长及具有较高理论水平和教学经验的教授、学者和专家组成。编委会组织国内近20所高等学校长期在教学、教改第一线工作的骨干教师召开了多次教材建设研讨会和提纲讨论会，充分交流教学成果、教改经验、教材建设经验，把教学研究成果与教材建设结合起来，并对教材编写的指导思想、特色、内容等进行了充分的论证，统一认识，明确思路。在此基础上，经编委会推荐和遴选，近百名具有丰富教学实践经验的教师参加了这套教材的编写工作。历经两年多的努力，这套教材终于与读者见面了，它凝结了全体编写者与组织者的心血，是他们集体智慧的结晶，也是他们教学教改成果的总结，体现了编写者对教育部"质量工程"精神的深刻领悟和对本学科教育规律的把握。

　　这套教材包括了高等学校机械类专业的基础课和部分专业基础课教材。整体看来，这套教材具有以下特色：

（1）根据教育部高等学校教学指导委员会相关课程的教学基本要求编写。遵循"重基础、宽口径、强能力、强应用"的原则，注重科学性、系统性、实践性。

（2）注重创新。本套教材不但反映了机械学科新知识、新技术、新方法的发展趋势和研究成果，还反映了其他相关学科在与机械学科的融合与渗透中产生的新前沿，体现了学科交叉对本学科的促进；教材与工程实践联系密切，应用实例丰富，体现了机械学科应用领域在不断扩大。

（3）注重质量。本套教材编写组对教材内容进行了严格的审定与把关，教材力求概念准确、叙述精练、案例典型、深入浅出、用词规范，采用最新国家标准及技术规范，确保了教材的高质量与权威性。

（4）教材体系立体化。为了方便教师教学与学生学习，本套教材还提供了电子课件、教学指导、教学大纲、考试大纲、题库、案例素材等教学资源支持服务平台。

教材要出精品，而精品不是一蹴而就的，我将这套书推荐给大家，请广大读者对它提出意见与建议，以利进一步提高。也希望教材编委会及出版社能做到与时俱进，根据高等教育改革发展形势、机械工程学科发展趋势和使用中的新体验，不断对教材进行修改、创新、完善，精益求精，使之更好地适应高等教育人才培养的需要。

衷心祝愿这套教材能在我国机械工程学科高等教育中充分发挥它的作用，也期待着这套教材能哺育新一代学子苗壮成长。

中国工程院院士　钟　掘

前言 PREFACE.

　　机械原理课程设计是使学生全面、系统地掌握和深化机械原理课程的基本理论和方法，培养学生初步具有机械运动方案设计和分析能力的重要教学环节，也是培养学生工程设计，特别是机构系统方案创新设计能力的重要实践环节。目前，全国大多数院校安排的机械原理课程设计时间为一周或一周半，本书编写的宗旨就是指导学生在相对短的时间内，将所学的基础理论运用于一个实际的机械系统，通过机械方案总体设计、机构分析与综合，并结合实际得到工程设计方面的初步训练。培养学生运用技术资料，提高分析运算能力，尤其是提高运用通用的计算机软件解决实际问题的能力。

　　为适应新形势要求，本书从对高层次技术人才创新设计能力的需求出发，在相关分析及计算的基础上，增加机械运动方案设计与创新的内容。在分析设计手段上，将通用计算机软件引入图解法、解析法，提高了图解法的精确性、简化了解析法的编程方法，使得计算机辅助设计简单、实用。教材的编写力求满足机械原理课程及课程设计的教学改革需要，总体目标是：从工程实际出发，模拟产品开发、设计的思路，按照整机设计的步骤，力图使学生通过本课程设计获得完整的基本设计方法训练，培养学生综合运用分析问题、解决问题的能力，强化设计思维和创新意识，提高运用现代化辅助设计手段的能力。

　　近年来，各行各业的工程技术人员已认识到 CAD/CAM/CAE 技术在现代工程中的重要性，掌握其中的一种或几种软件的使用方法和技巧，已成为他们在竞争日益激烈的市场经济形势下生存和发展的必备技能之一。基于这一考虑，本教材在机构的设计与分析中使用了MATLAB、AUTOCAD、EB 等软件，将软件技术和工程实际结合起来，真正达到通过现代的技术手段提高工程效益的目的。

　　本书由南华大学王湘江、湖南文理学院何哲明任主编。全书由王湘江教授总纂、定稿。本教材共分6章，第1章由湖南文理学院何哲明执笔；第2章由湘潭大学刘柏希执笔；第3

章除 3.4.1 节外其余部分由长沙学院戴娟执笔；3.4.1 及第 4 章由湖南科技大学龙东平执笔；第 5 章由南华大学王湘江执笔；第 6 章由南华大学杨毅执笔。杨毅同志参加了素材收集和初稿修改工作。

在编写过程中我们参考了有关文献，在此对这些文献的作者表示衷心感谢！

本书在编写出版过程中得到了中南大学出版社的大力支持和帮助，在此表示诚挚的谢意。由于编者的知识背景和编撰水平所限，书中难免存在缺点和疏漏，恳请广大读者批评指正。

编　者

CⒶNTENTS. 目录

第1章
绪论

1.1　机械设计的一般过程

机械产品设计是一个通过分析、综合与创新获得满足某些特定要求和功能的机械系统的过程。而机械系统大都由原动机、传动系统、执行系统和控制系统所组成，因此，无论何种机械产品的设计，其设计过程基本一样，大致都经过以下四个阶段：

1.1.1　产品规划

根据需要分析、市场预测、可行性论证，确定所要设计机械产品的功能和有关设计指标，研究分析其实现的可能性，然后制订出详细的设计任务书。

1.1.2　方案设计

根据设计任务进行功能分析，确定实现预定功能的工作原理，拟定出多种可行方案并进行分析比较，从中优选出一种功能满足要求、工作性能可靠、结构设计可行、成本低廉的方案。

1.1.3　技术设计

即把具有发明创造性的原理方案构思转化为具有实用水平机械的具体设计阶段。在这个阶段中，要完成机械产品的总体设计、部件设计、零件设计，完成交付制造和施工的全部图纸资料(总装配图、部件装配图、零件工作图)以及相关技术资料(设计计算说明书、使用说明书、标准件明细表等)。

1.1.4　改进设计

根据制造加工、样机性能测试、专家鉴定与用户使用中所暴露的各种问题或缺陷，对产品作出相应的技术修改使之进一步完善，以确保产品的设计质量。

这里值得进一步指出的是随着科学技术和工业生产的飞速发展，市场迫切需要各种各样具有一定功能要求、性能好、效率高、成本低、价值最优的机械产品。其中，决定产品性能、质量、水平、市场竞争能力和经济效益的重要环节是产品设计。机械产品设计过程中，首要任务是进行机械系统运动方案设计与构思以及构成运动方案中的各种机构(传动机构、执行机构)的选用与创新设计。而这些方面正是机械原理所研究的内容。因此，机械原理课程设计作为机械原理课程最后的一个重要实践性教学环节，对培养学生机械设计与创新设计的能力具有十分重要的意义。

1.2 机械原理课程设计的目的与任务

1.2.1 机械原理课程设计的目的

机械原理课程设计是机械原理教学的一个重要组成部分，是使学生较全面系统地掌握和深化机械原理课程的基本理论和方法，培养学生初步具有机械运动方案设计和分析能力的重要教学环节，也是培养学生工程设计特别是机构创新设计能力的重要实践环节，在实现学生总体培养目标中占有重要地位。其主要目的是：

（1）以机械系统运动方案为结合点，把机械原理中分散于各章的理论和方法融会贯通起来，进一步巩固和加深学生所学的理论知识。

（2）通过拟定机械运动方案的训练，使学生具备初步机构选型、创新与组合和确定运动方案的能力，并对机构设计与分析有一个较完整的概念。

（3）培养学生理论联系实际的设计思想，训练学生综合运用所学知识，并结合生产实际来分析和解决工程问题的能力，并对学生的创新意识和创新方法进行初步训练。

（4）进一步提高学生运算、绘图和收集与运用技术资料的能力，并在此基础上，增强学生采用计算机辅助设计技术来解决机构设计与分析问题的能力。

（5）通过编写说明书，培养学生表达、归纳、总结和独立思考与分析的能力。

1.2.2 机械原理课程设计的任务

根据普通高等院校机械原理课程教学指导小组制定的"机械原理课程教学基本要求"对机械原理课程设计提出的基本要求，并结合课程设计目的，机械原理课程设计任务是针对某种简单的机械系统（它的工艺动作过程比较简单），综合运用所学理论和方法，使学生能进行机械运动方案设计的初步训练，并能对方案中某些机构进行分析与设计，从而提高学生解决工程实际问题的能力，更为重要的是培养学生开发和创新机械的能力。

值得注意的是：机械原理课程设计作为学生第一次课程设计实践环节，必须要求在教师的指导下由学生独立完成。设计中能正确处理参考已有资料和创新的关系。一方面要会利用已有的资料，合理选择已有的经验数据和设计数据，加快设计进程，另一方面又不能盲目地、机械地抄袭，要具体问题具体分析、有创造性地进行设计，使得设计质量和设计构思创新的能力同时获得提高。

1.3 机械原理课程设计的一般过程和方法

1.3.1 机械原理课程设计的一般过程

1.设计准备

认真研究设计任务书，明确设计要求、条件、内容和步骤，收集和阅读有关资料，复习有关课程知识，准备设计所需的工具和用具，拟定设计计划。

2. 机械系统运动方案设计

机械系统运动方案设计是机械产品设计过程中极其重要的阶段，也是最具创造性的一环，它直接决定了产品的质量、性能和经济效益。因此，机械系统运动方案设计作为机械原理课程设计的主要内容，将对培养学生初步具有分析和设计机械的能力及开发创新机械的能力起到十分重要的作用。

机械运动系统大都由原动机、传动系统、执行系统三部分所组成。因此，机械系统运动方案设计的主要内容应是这几部分的方案设计。

1) 执行系统运动方案设计

执行系统是指接近被作业工件一端的机械系统，它由一个或多个执行机构组成。其中接触作业工件或执行终端运动的构件称为执行构件。执行机构的协调动作使执行构件完成机械的预期工作任务要求。因此，执行系统运动方案设计是机械系统运动方案设计的核心内容，它在很大程度上决定了机械产品能否实现预期的功能以及是否具有优良的工作性能。因此，应设计科学合理的执行系统方案。

执行系统运动方案设计的主要内容包括：功能原理设计、运动规律设计、执行机构的型式设计、执行系统的协调设计以及执行系统的方案选择。

2) 原动机类型的选择和传动系统运动方案设计

原动机的作用是为机械系统的运转提供动力。原动机的类型和运动参数直接影响机械传动的形式、传动机构类型的选择和传动机构系统的复杂程度。因此，在完成执行系统运动方案设计后，应选择原动机。由于原动机的类型很多，必须根据原动机的机械特性及性能是否与机械执行系统的负载特性和工作要求相匹配来选择。

传动系统处于原动机和执行系统中间，一般常由齿轮传动、带传动、链传动等传动机构组成。传动系统的作用是将原动机的运动和动力进行传递和变化，以满足执行机构对速度和力的要求。因此传动运动方案设计也是机械系统运动方案设计的重要内容，传动系统运动方案设计主要内容包括：传动类型和传动路线的选择，传动链中各传动机构顺序的安排和各级传动比的分配。

在完成了执行系统运动方案和传动系统运动方案设计后，就可以生成多种可行的机械系统运动方案，然后在方案评价的基础上，选择最优方案。显然，实现同一功能与运动要求可以有不同的设计方案，同一方案可以由不同的机构来实现。因此，机械系统运动方案设计是最具有创造性的工作。成功的设计往往是基于运动方案的突破与创新。

3. 机构运动设计

组成机械系统运动方案各个机构能否满足所提出的工艺动作要求？这需要通过运动分析来验证。因此，机构运动设计就是根据设计要求，对选定的一种设计方案进行运动分析和尺寸综合，以满足根据该机械的用途、功能和工艺动作条件等而提出的执行构件的运动规律、机构运动位置或轨迹要求。

机构运动设计主要内容包括：机构尺寸确定、机构运动分析、机构运动简图绘制等。

4. 机构动力设计

机构动力设计是在机械运动设计的基础上，确定作用在机械系统各构件上的载荷并进行机械的功率计算和能量计算。

机构动力设计主要内容包括：确定原动机功率、动态静力分析、功能关系、真实运动规律求解、速度波动调节和机械的平衡计算等。

5.编写设计计算说明书,进行课程设计答辩

1.3.2　机械原理课程设计的方法

机械原理课程设计分为图解法和解析法两大类。

1.图解法

运用所学基本理论中的基本关系式,用图解的方法将其结果确定出来,并清晰地以线图的形式表现在图纸上,具有直观、定性简单、检查解析的正确性方便的特点,尤其在解决简单机构的分析与综合时更为方便。图解法进行课程设计,要求计算准确、作图精确,能培养学生工程作图和计算能力,有利于培养学生严谨的工作作风。

2.解析法

运用求解方程式的方法求解未知量,计算精度高,并可借助计算机,避免大量重复人工劳动,可以迅速得到结果,能够看到全貌。用解析法进行课程设计,能培养学生运用计算机解决工程实际问题的能力。

图解法和解析法各有优点,互为补充,两种方法并重。工程实际要求学生(未来的工程技术人员)应熟练地掌握这两种方法。

1.4　编写机械原理课程设计说明书

1.4.1　课程设计说明书的内容

设计说明书是技术说明书的一种,是整个设计计算的整理和总结,也是审核设计的技术文件之一。因此,学生在校期间就应加强这方面的训练,充分掌握这一必需的基本技能,为以后从事实际技术工作打下基础。

课程设计说明书是学生证明自己设计正确合理并供有关人员参考的文件,其内容大致包括:

(1)设计题目(包括设计条件和要求)。

(2)执行机构的选择与比较。

(3)原动机的选择与传动机构的选择与比较。

(4)机械系统运动方案的拟定与比较。

(5)制订机械系统的运动循环图。

(6)所选机构的运动、动力分析与设计。

(7)画出运动方案布置图及机械运动简图。

(8)完成设计所用方法及其原理的简要说明。

(9)建立设计所需的数学模型并列出必要的计算公式、计算过程、结果及说明。

(10)绘出编程框图,写出自编主程序、子程序。若调用其他子程序,应写出子程序名,并自编主程序。

(11)用表格列出计算结果并画出主要曲线图。

(12)对设计结果进行分析讨论,写出课程设计的收获与体会。

（13）列出主要参考资料并编号。

1.4.2 课程设计说明书的编写要求

（1）说明书应该用钢笔或圆珠笔写在报告纸上，要求步骤清楚、叙述简明、文句通顺、书写工整。

（2）对每一自成单元的内容，都应有大小标题，使其题目突出。

（3）计算内容要列出公式，代入有关数据，写出结果，标明单位。对所用公式和数据，应注明来源（参考资料的编号和页次）。

（4）为清楚表述说明书内容，说明书中应附有相应的简图（如机械运动方案图、机构运动简图、机构设计图等）与计算程序。

（5）说明书应加上封面与目录，装订成册。

第 2 章
机械系统运动方案设计与创新

2.1　机械系统运动方案的拟定

2.1.1　机械系统运动方案设计的步骤

机械系统运动方案设计是针对给定的设计任务，通过比较优选，最后形成运动方案。运动方案的表达就是绘出机构运动简图和各执行机构之间的运动循环图。机械系统运动方案设计的内容和步骤大体如图 2-1 所示。

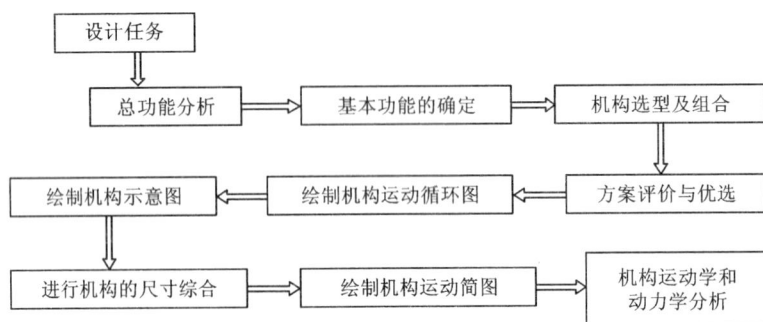

图 2-1　机械系统运动方案设计流程图

当然，在实际操作中进行的顺序可能出现多次的反复与交叉，最后形成一个最优的解决方案，这也是由机械设计本身的性质决定的。

2.1.2　总功能分析

首先详细解读设计任务。在充分调研和查阅资料的基础上，经过认真地比较、分析及推理，全方位、多角度去构思执行构件（输出构件）完成实现预定功能的基本动作原理（即确定机械实现预定功能应完成的一套组合动作）。一种基本动作原理可以使机械实现某一项功能，两者是因果关系，但正反两方面并非一一对应。实现同一功能，可以具有多种不同的基本动作原理，而且它们各具特色，动作完成起来的难易程度与将来设计出的机械所输出的产品在数量上和质量上的差别可能极大，对环境的适应能力和维护使用成本等方面也会表现各异。

例如，手工缝纫是用如图 2-2(a)所示的结线方法把布料缝合起来的，但按照这种结线方法设计一台机械完成缝纫动作将是十分困难。缝纫机的发明正是因为首先研究出了新的结线方法，如图 2-2(b)所示，而这种方法较易于用机械来实现。

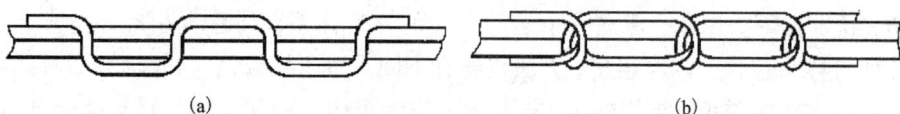

图 2 - 2　结线方法

可见，达到一种工艺路线可有不同的动作原理，但从节省能量、提高工效和用机械方法是否易于实现的角度分析，各种动作原理有很大差别。研究合理可行的工艺动作原理，是机械设计过程中的关键问题之一，也是机械设计中最富创造性的环节。

2.1.3　功能分解

工艺动作原理要付诸实施，必须依靠一系列执行机构和执行构件来实现。由执行构件所完成的动作就是最基本的工艺动作。一台简单的机械可能只有一个执行构件，做一种基本工艺动作。例如简易冲床，只要执行构件冲头作往复直线运动即可。一台复杂的机械也可能需要多种基本工艺动作，例如按图 2 - 2(b)所示的结线方法设计的家用缝纫机，可能需要至少四个执行构件来完成四种基本工艺动作：①机针带着上线刺布，需作上下往复直线运动；②为了使上线绕过底线，摆梭勾线需作往复摆动；③挑线杆完成挑线动作；④送布牙板完成步进式送布动作。

执行构件最常见的运动形式是直线运动、转动或摆动。确定基本工艺动作时不但要注意到所要求的运动形式(如往复直线运动、连续转动、带停歇的往复直线运动、间歇转动、平面复杂运动等)，还应注意到所要求的运动规律。例如筛分机械中的筛筐，其运动形式可能是往复直线运动，但如果运动规律(往复运动中速度和加速度的变化规律)不当，就有可能出现物料与筛子始终是同步运动的情况，这就达不到筛分的目的。

为了实现工艺目的，同时需要两个以上的基本工艺动作时，应安排好各个工艺动作之间的协调配合。工艺动作确定之后，根据被处理或加工的物料的机械物理性质，按工艺学的理论和方法可计算出工艺阻力，包括工艺阻力的大小和变化规律，这是进行受力分析和确定原动机容量的依据。

2.1.4　根据工作原理进行机构选型及组合

将由工作原理决定的一套复杂的组合动作逐一进行分解，得到一系列容易实现的简单动作，在广泛了解各种常用机构特点的基础上，为它们选择相应的执行机构。要注意：实现同一动作可以由多种机构来完成，每一种机构又常常具备多种功能。选择机构就要力争最大限度地发挥该机构的优点并回避其不足。

单一机构难以完成复杂的动作，进行机构的组合，则可能构思出运动奇妙、功能多样的组合机构，以相互弥补单一机构的不足，产生"1 + 1 > 2"的效果。

2.1.5　怎样进行方案的评价和优选

在设计机械运动方案时，实现同一种功能可以有不同的工作原理，而同一工作原理又可以由多种不同机构或其他组合方式来完成。所以，对于设计满足某种功能要求的机械，可能的运动方案有多个，包括新的传动机构、新的传动原理、新的设计方法以及对现有机构应用的新开拓、新发现等。因此，建立一个运动方案的评价体系，对运动方案的优选十分必要。工程设计评价体系包含的内容很多，方法也各有不同。鉴于机械原理课程设计的目的的偏重于对学生进行基本机构类型、结构的认识与比较，进行机构运动和受力分析与综合基本方法的训练，所以，此处仅仅介绍一些进行机械运动方案评价的着眼点和主要考虑的因素。

1. 位移、速度、加速度分析比较

首先应该对各种运动方案的实现机构进行位移、速度、加进度分析。它直接关系到机构实现预期功能的质量。实际机构设计中，很多机构在位移或轨迹方面提出了要求。比如：机构外廓尺寸、构件行程大小、能否通过一系列位置或走出直线、圆弧及其他特殊曲线等；有些机构要求速度满足某种变化规律，比如：冲床要求冲压工作过程小，冲头能实现较好的等速运动，回程需要一定的急回等；振动筛机构则要求执行构件有很大的速度变化。另外，加速度不仅直接影响机构满足设计对运动的要求，还将对机构惯性力的大小产生影响。关系到机构运动的平稳性。通过绘制机构的位移、速度、加速度变化曲线图，并结合机构的运动循环图，考察主运动和辅助机构在运动的形式、位移、速度、加速度、传动精度等方向能否满足设计要求。

可以具体选择主要的执行构件。如：对于牛头刨床，可以选择滑枕；冲床可以选择冲头等。通过运动分析的数据和执行构件随原动件转角在整个运动循环中的位移、速度、加速度变化曲线图，对机构在运动方面满足设计要求的情况进行比较。

2. 机构中作用力分析

各种机构都要克服阻力进行工作。在外载荷一定的情况下，机构完成同样的工作。不同类型机构、不同形状和尺寸的构件等，对机构的传力性能、效率、强度、冲击振动等动力性能方面的影响各不相同。进行机构整个运动循环的力分析，比较各方案中各构件和运动副受力的大小和方向，结合加速度分析惯性力的大小和变化规律。

评价凸轮机构、连杆机构等的传力性能，主要考虑：机构的压力角或传动角；设计中是否保证了机构的工作压力角不超过许用值；对行程不大但工作阻力很大的机构，是否借用了具有"增力"作用的连杆机构，比如锻压肘杆机构；是否保证了其在靠近死点附近时仍能正常工作；对于需要自锁的机构，是否满足自锁条件；自锁的可张性如何及自锁如何解除，等等。

此外需要注意的是，高速下使用的连杆机构，具有较大的惯性力，且难以平衡，因此，还需考虑机构惯性力平衡的问题是怎样解决的。

机构中应尽量避免存在虚约束，否则不仅会增大机械加工量，更主要的是会导致装配的困难，同时尺寸不当会产生额外的反力，严重时还可能使机构卡死。

3. 机构结构的复杂程度和运动链长短

机构结构应追求简单化，由原动件到运动输出构件间的运动链要尽量短，应采用尽量少的构件和运动副，同时增加专业厂家生产的通用件和标准件。它们不仅可以使制造和装配简单容易、减少加工制造的费用、减轻机器的重量、减小外廓尺寸、减少摩擦损耗、增加系统刚性，有利于成本的降低和机械效率及可靠性的提高，同时，还可以减少加工制造误差以及运动副本身间隙带来的误差累积，提高系统的传动精度。因此，有时宁可采用有设计误差但结构简单的近似机构，而不采用结构复杂的精确机构。

4. 机构在运动链中的排布方式

机械运动系统的机械效率取决于系统中各个机构的效率和机构的排布方式。串联系统的总机械效率为各分级效率的连乘积。系统的总效率不会高于各分级效率中的最低值；并联系统的总机械效率介于各分级效率的最高值与最低值之间。所以，串联系统不使用效率低的机构，而并联系统尽量多地将功率分配给机械效率高的机构。主运动链传动机构往往需要传递大功率，适宜高转速，故应具有高效率，应优先选择传力性能好、冲击振动小、磨损变形小、传动平稳性好的机构，而辅助运动链传动机构则次之。

转变运动形式的机构，如凸轮机构、连杆机构、螺旋机构等，通常安排在运动链的末端（低速级），与执行构件靠近以简化运动链，而变换速度的机构则安排在靠近高速级。

带传动等依靠摩擦进行传动的机构，在传递同样扭矩的条件下，与依靠啮合传动的机构相比，外廓尺寸大很多；功率一定时，提高转速会减小扭矩，所以，对依靠摩擦进行传动的机构，应尽量安排在传动系统的高速级，以减小传动机构的尺寸并发挥其过载保护作用。链传动在高速下，运转平稳性较差，振动和噪音较大，但链传动的传力性能较好，所以，链传动通常安排在低速级。

在传动系统中，如果有圆锥齿轮机构传动，为了减小圆锥齿轮的外廓尺寸（大尺寸的圆锥齿轮加工较困难），应将圆锥齿轮传动尽量靠近高转速端。对于既有齿轮机构传动又有蜗轮蜗杆机构传动的运动链，如果系统以传递作用力为主，应尽量将蜗轮蜗杆传动放在靠近高转速端。而齿轮机构传动应相对放在较低转速端。如果系统以传递运动为主，则应将齿轮机构传动放在靠近高转速端，而蜗轮蜗杆传动放在较低转速端。

5. 传动比的分配合理性

传动系统总传动比的大小，与原动机转速的选择有直接关系。通常情况下，一般都选择电动机作为主要原动机。不同转速的电动机，其外廓尺寸和价格有时相差较大。传动系统较大的减速比有利于选择较高速的电动机（外廓尺寸小且价格较低），但势必会增加传动系统的负担，效果不一定好。所以，应权衡后合理选择传动系统传动比的大小。

每一级传动比的大小应在该机构常用的合理范围内选择，某一级的传动比过大，会使整个系统结构趋于不合理。传动比较大情况下，采用多级传动往往可以减小传动系统的外廓尺寸。对于带传动，其外廓尺寸较大，故很少采用多级传动。

实现多级减速传动时，一般按照"先小后大"的原则分配每一级的传动比，对系统比较有利，即 $i_1 < i_2 < \cdots < i_n$，且相邻两级的传动比不要相差过大。这样，可以使多级减速的中间轴有较高的转速和较小的扭矩，轴和轴上零件具有较小的外廓尺寸，使整个传动系统的结构比较紧凑。

6. 使用何种结构形式的运动副

运动副的结构形式在机械传递运动和动力的过程中起着重要的作用，直接关系机械系统复杂程度、机械效率、传动的灵敏性和使用寿命等。一般来说，转动副元素结构简单，便于加工制造，容易获得较高的配合精度，且传动效率也较高。移动副元素加工制造稍难，配合精度和机械效率稍低，且容易发生楔紧、自锁或爬行现象。所以，移动副多用于实现直线运动或将曲线运动转换为直线运动的场合。

采用带有高副或曲面元素的机构，往往可以较精确地实现给定的运动规律，且使用的构件数和运动副数较少，比使用低副机构具有更短的运动链。曲面元素使用恰当，可以设计结构简单、构思巧妙的机构。需要注意的是，高副元素一般形状复杂、受力状况不佳、易磨损，故多用于低速、轻载的场合。

7. 机械系统的经济性和实用性

机械效率的高低、机器功耗的大小；机构的可操作性、使用与维护的费用；寿命长短、安全可靠和舒适性；各种机构的特点是否得到最大限度的发挥、机构结构是否还存在不合理性；设计难度的高低；预期加工制造、安装是否容易；设计结果是否符合生产厂家的生产能力和生产批量的大小等。

2.1.6 机械系统运动循环图及运动协调设计

一般机械常需要多个机构共同工作，才能实现预定的功能，这就不可避免地要求各个机构执行构件间主要动作的协调配合。为了表明这种协调配合关系，就必须绘制机构运动循环图，即工作循环图。它常以机械中最主要的执行构件为基准构件，首先绘出用它在一个运动循环中各个时刻所处的工作位置，然后逐一绘出其他执行构件对基准构件的参照位置。

如图 2-3 所示为单缸内燃机圆周式工作循环图。

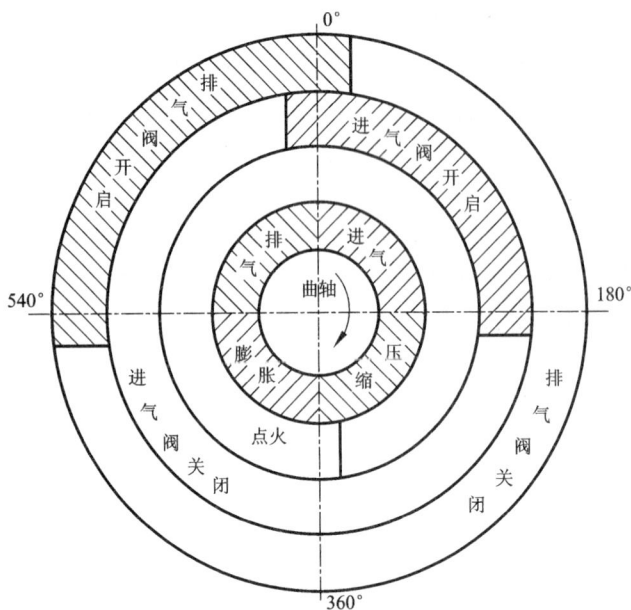

图 2-3 单缸内燃机圆周式工作循环图

2.2 机构运动方案设计实例

2.2.1 实例一：输送机构方案设计

1. 设计要求

试设计由电动机驱动的冷床运输机。如图 2-4 所示，冷床运输机用于将热轧的钢料在

10

运输过程中逐渐冷却，拨杆上装有可单向摆动的拨块，拨块前移时推动在轨道上的钢料向前移动 H，然后返回原处，作往复循环运动。电动机转速 $n = 710$ r/min，拨杆往复次数 30 次/min，行程 $H = 800$ mm，行程速比系数 $K = 1$。

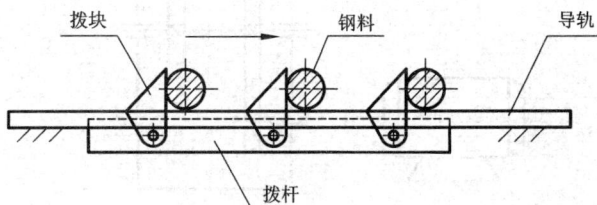

图 2 - 4　输送机构工作示意图

2. 机构传动方案及其设计

方案 1：用对心曲柄滑块机构实现预定运动

由题意，要求所设计的机构行程速比系数 $K = 1$，对心曲柄滑块机构满足此要求，机构示意图如图 2 - 5 所示。拨杆（相当于滑块）的行程为 $H = 800$ mm，故取曲柄的长度 $a = 400$ mm。

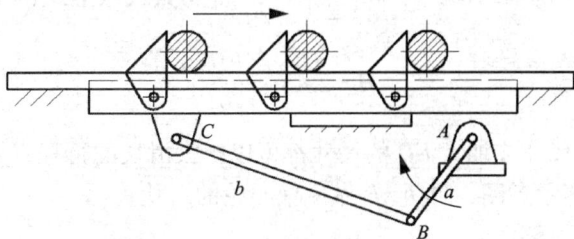

图 2 - 5　方案 1 机构运动简图

电动机和曲柄之间需要有减速装置，使用齿轮减速，如图 2 - 6 所示。减速装置的传动比为

$$i = \frac{n_{电动机}}{n_{曲柄}} = \frac{710}{30} = 23.67$$

采用两级齿轮传动，按两对齿轮齿面承载能力相等的原则和两个大齿轮浸油深度大致相等的原则综合考虑，分配各级传动比为 $i = i_{12} \cdot i_{34} = (1.2 \sim 1.3) i_{34} \cdot i_{34}$，取高速级传动比 $i_{12} = 5.44$，低速级传动比 $i_{34} = 4.35$。

此机构的特点为当曲柄匀速转动时，滑块变速移动。连杆与曲柄垂直时，滑块速度最大。若令连杆的长度 b 与曲柄的长度 a 之比为 λ，即 $\lambda = b/a$，则增大 λ，滑块的速度变化平缓，并使得最大速度减小。

若连杆长度 $b = 600$ mm，则机构的最小传动角为

$$\gamma_{min} = \arccos \frac{a}{b} = \arccos \frac{400}{600} = 48.19°$$

方案 2：用六杆机构实现预定运动

减速装置的传动比同方案 1。

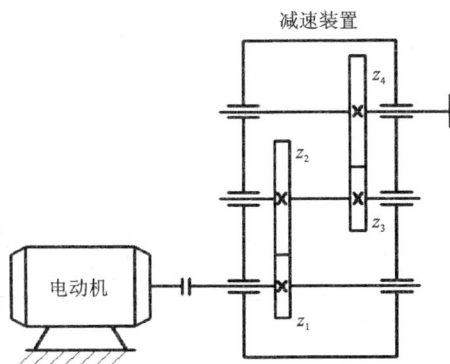

減速裝置

電動機

图 2-6 二级展开式圆柱齿轮减速器

如图 2-7(a)所示的六杆机构是由一个行程速比系数 $K=1$ 的曲柄摇杆机构 $ABCD$ 和在摇杆 E 处添加连杆 4 和滑块 5 组成的 Ⅱ 级杆组构成,当滑块导路中心线通过线段 MN 的中点时,滑块的行程为

$$H = \overline{E_1 E_2} = 2\,\overline{ED}\sin(\psi/2)$$

由于 $K=1$,所以 $\overline{C_1 C_2} = 2\,\overline{AB}$,则 $\sin\left(\dfrac{\psi}{2}\right) = \dfrac{\overline{AB}}{\overline{CD}}$,将其代入上式得

$$H = 2\,\overline{AB} \cdot \dfrac{\overline{ED}}{\overline{CD}}$$

可见,缩小 CD 的尺寸或加大 ED 的尺寸都可以扩大滑块的行程 H。图 2-7(b)为此机构应用于冷床运输机上的示意图,曲柄 AB 做成偏心轮的形状。

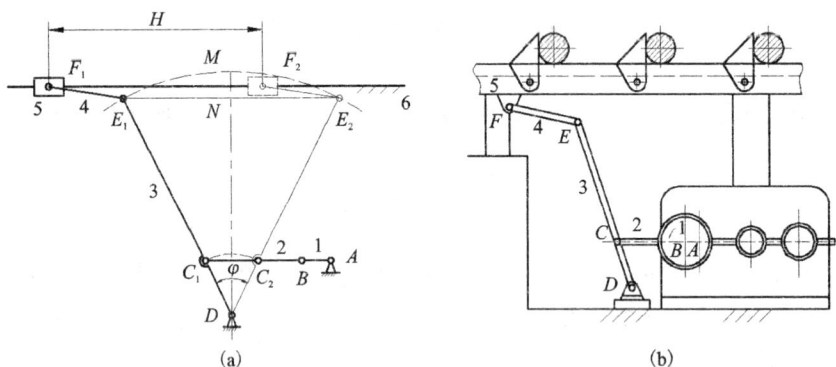

图 2-7 方案 2 机构运动简图

若取曲柄的长度 $L_{AB} = 100$ mm,连杆的长度 $L_{BC} = 400$ mm,摇杆 CD 的长度 $L_{CD} = 225$ mm,DE 的长度 $L_{DE} = 900$ mm,连杆 EF 的长度 $L_{EF} = 300$ mm,则可计算得出 $MN = 93.78$ mm,$H = 800$ mm,机构的最小传动角 $\gamma_{\min} = 81.01°$。

方案 3:用齿轮齿条机构实现预定运动

如图 2-8 所示,一对与上、下齿条同时啮合的齿轮由曲柄 AB 驱动作往复运动。下齿条固定不动,上齿条固定在拨杆上,齿轮可带动拨杆作行程较大的往复移动。当曲柄的长度为 a 时,拨杆的行程 $H=4a$。

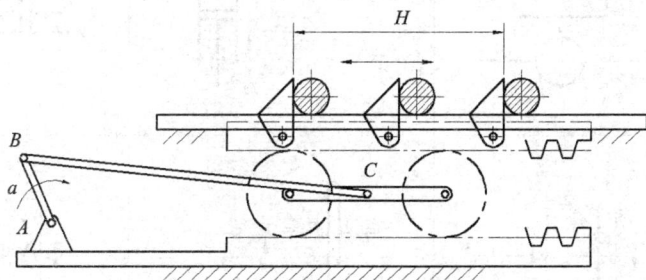

图2-8 方案3机构运动简图

在以上三个方案中,方案1设计计算简单,横向尺寸较大,传动性能、工作行程的速度稳性不如方案2。方案3的齿轮、齿条制造精度要求高,加工比较复杂。另外,齿轮、齿条为高副接触,易磨损,且磨损后影响传动的平稳性,并将产生振动和噪音。经过比较最终采用方案2。

2.2.2 实例二:精锻机主机构方案设计

精锻机主机构的总功能是当加压执行机构(冲头)上下运动时,能锻出较高精度的毛坯。根据动力源条件和空间条件,原动机为电动机,驱动轴必须水平布置,加压执行构件沿铅垂方向移动。

按照这些要求,精锻机执行机构系统应该具有以下三个基本功能:

(1)运动形式变换功能:将转动变换为移动。

(2)运动轴线变向功能:将水平轴运动变换为铅垂方向运动。

(3)运动位移或速度缩小功能:减小位移量(或速度)以实现增力要求。

根据以上分析,可以完成加压执行机构系统总功能的形态学矩阵表,如表2-1所列。由于矩阵中三个分功能的排列次序是任意的,故变更这三种基本功能的排列次序,可得到如图2-9所示的六种基本功能结构。其中,Ⅰ、Ⅱ、Ⅲ三种结构是先将转动变换为移动,在移动状态下,再改变运动方向;Ⅳ、Ⅴ、Ⅵ三种结构是先在转动状态下改变运动方向然后再变换为移动;Ⅰ、Ⅱ、Ⅵ是在移动状态下增力;Ⅲ、Ⅳ、Ⅴ是在转动状态下增力。

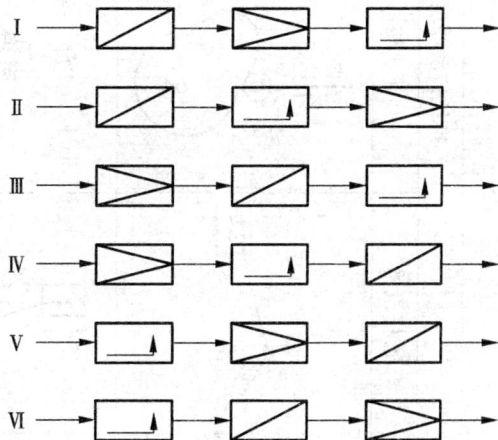

图2-9 三种基本功能的排列顺序

13

表 2 - 1 精锻机主机构的形态学矩阵

分功能	按传动原理分类的机构（功能解）					
	推拉传动原理		螺旋、斜面机构	啮合传动原理 齿轮机构	摩擦传动原理 摩擦轮机构	流体传动原理 流体机构
	连杆机构	凸轮机构				
		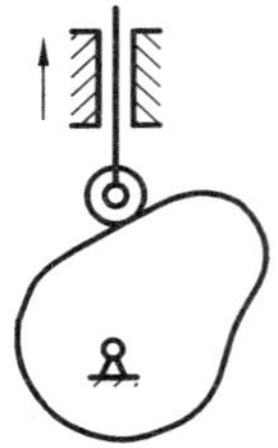	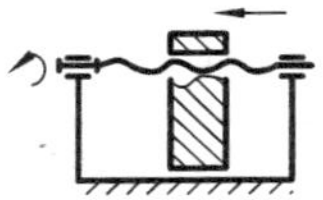	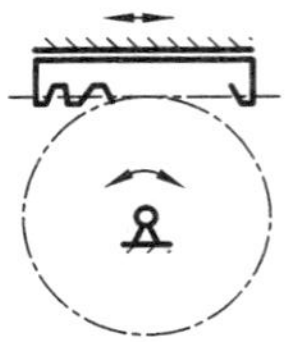	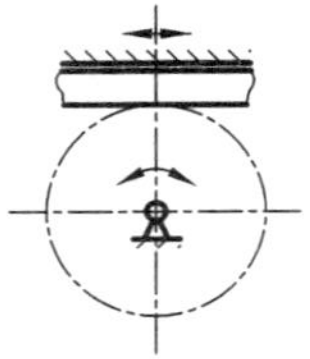	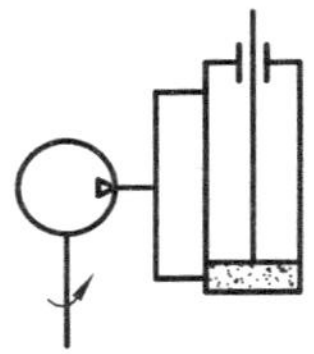
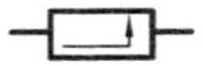		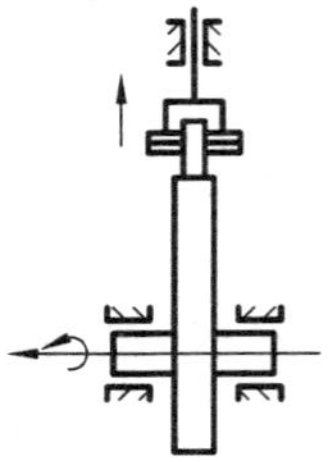	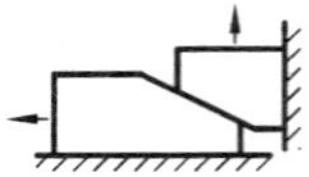	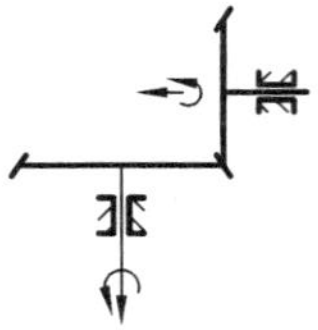	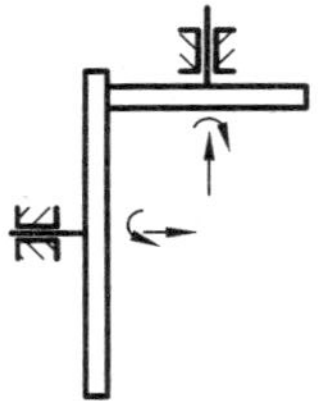	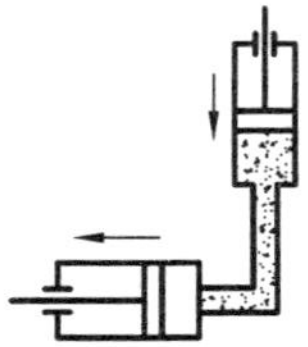
	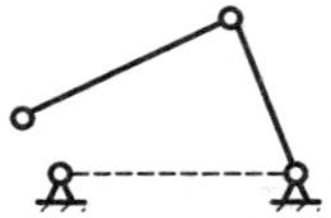	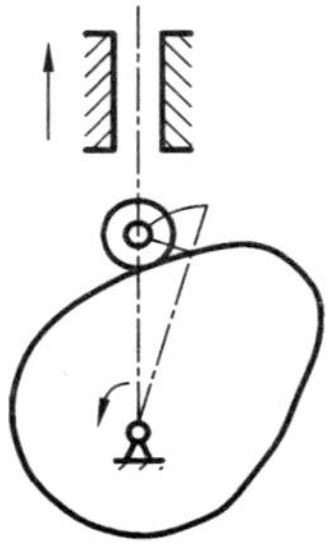	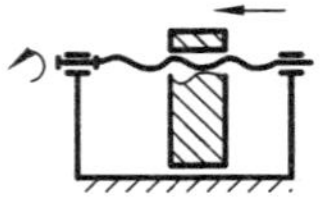	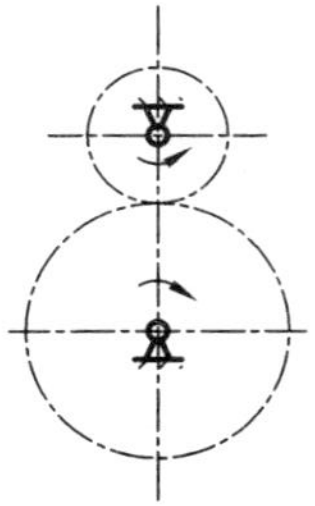	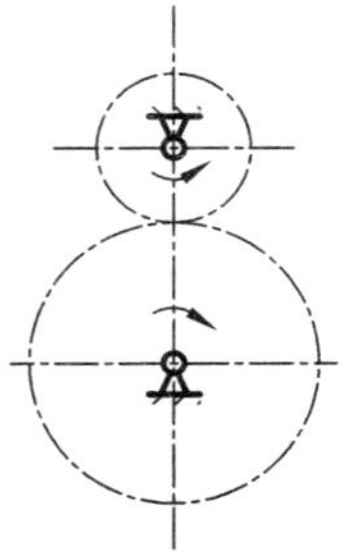	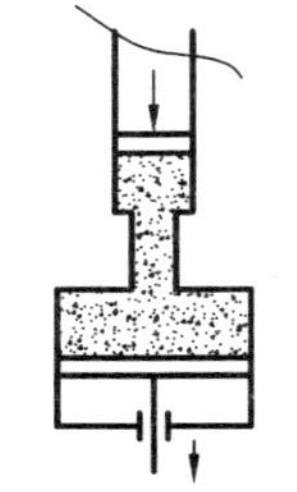

14

只要在表 2－1 所示的形态学矩阵中的三个分功能中各任选一个机构，就可以组合一个能实现总功能的执行机构系统方案，在确定了各分功能顺序的前提下，可以得到 $N = 6 \times 6 \times 6 = 216$ 种方案。在众多的方案中，先剔除重复的和不合理的方案，然后可以结合精锻机的具体情况，选择合理的方案。

例如，若要求结构简单，则可以选择矩阵表中的第一列（连杆机构）和第二列（凸轮机构），由于它们都同时兼有这三种功能，因此，只要从中选取一个机构，就能完成设计要求的三种功能。但是，由于凸轮机构是高副接触，接触点压力过大，故不宜采用。曲柄滑块机构虽然具有压力大、效率高等优点，但其刚度较小，也不宜要求锻出较高精度毛坯的精锻机上。因此，需要在形态学矩阵表中另选一些刚度较高的机构组合新的方案。表 2－2 列出了四种方案。

方案 1：采用曲柄滑块机构实现运动形式变换功能和运动大小变换功能，采用刚度很高的斜面机构实现运动轴线变向功能和运动大小变向功能，该方案由于采用斜面机构增强了系统刚度，因经过两次运动大小变换而增加了锻压力。

方案 2：采用曲柄滑块机构实现运动形式变换功能，采用液压机构实现运动轴线变向功能和运动大小变向功能，可具有较大锻压力。

方案 3：采用曲柄滑块机构实现运动大小变换功能，采用摆杆滑块机构实现运动形式变换、运动轴线变向和运动大小变换三种功能，由于该方案经过两次运动大小变换，故具有较大的压力，但系统刚度较差。

方案 4：采用摩擦轮机构实现运动轴线变向功能，采用螺旋机构实现运动形式变换和运动大小变换功能，由于螺旋机构具有很好的运动大小变换功能，故该方案可产生很大的锻压力。

以上四种方案均能达到工作所提出的锻压要求，故均可作为初选方案，以供作进一步的评价和优选。

需要指出的是：无论采用哪种机构系统方案的设计方法，都离不开设计者的经验和直觉知识。因此，设计者只有熟悉现有各种机构的运动特征和功能，才能通过类比选择出合适的机构。需要说明的是：只要所选的机构能够实现预期的工作要求、机构简单、性能优良且用得巧妙，其本身也是一种创新。

表 2－2　精锻机的四种机构系统设计方案

序号	基本功能结构	方案简图
方案 1		

序号	基本功能结构	方案简图
方案2		
方案3		
方案4		

2.3　机械运动方案的创新设计方法

2.3.1　机械运动方案的创新设计

机械可以由一个简单机构组成，也可以由多个机构组成传动系统。运动方案的设计从根本上决定了机械系统的基本功能，确定了机构的基本类型和对其运动规律的基本要求。直接影响机械结构的复杂程度和机械设计的难度，对能否实现给定的设计要求起着至关重要的决定性作用。运动方案设计的优劣，最终将影响机械或其产品成本的高低和机械的使用效果。

创新设计是通过创新思维，运用创新设计理论和方法设计出原理新颖、结构独特、性能优良、工作高效的新机器。创新设计贯穿于产品设计的各个阶段，表现最集中、最突出的阶段是产品的概念设计阶段。方案设计是概念设计的后期阶段。运动方案的创新需要"异想天开"，但仅仅靠"异想天开"是不够的，它需要设计者有较丰富的机械设计理论知识和实践经验，并善于从多方面、多角度冲破习惯性思维的束缚，迸发并捕捉创造性灵感。灵感并非天赐，它是长期从事创造活动的升华。

2.3.2　常用创新技法

创新技法是人们对创造性思维和创造理论加以具体化应用的技巧。本节讨论的创新技法，能启迪创新设计者的思路。应用时要注意技法之间的配合和对机械系统设计知识的依存。

1. 群体集智法

群体集智法是针对某一特定问题，运用群体智慧进行的创新活动。群体集智法主要有三种具体的途径：会议集智法、书面集智法和函询集智法。

会议集智法又称智慧激励法，是美国创造学家奥斯本发明的，通常也称为奥斯本法。技术开发部门在工程设计中，经常运用智慧激励法来解决工程技术问题。

书面集智法是会议集智法的改进形式，在运用奥斯本法的过程中，人们发现表现力和控制力强的人会影响他人提出的有价值的设想，因此提出了运用书面形式表达思想的改进型技法。书面集智法最常用的是"635"法模式，即每次会议 6 个人，每人在卡片上写 3 个设想，每轮限定时间 5 min。

函询集智法又称德尔菲法，其基本原理是借助信息反馈，反复征求专家书面意见来获得新的创意。视情况需要，这样函询可进行数轮，以期得到更多有价值的设想。

2. 系统分析法

任何产品不可能一开始就是完美的，人们对产品的未来期望也不可能在原创产品问世就一并实现，而大量的创新设计是在做完善产品的工作，因此对原有产品从系统论的角度进行分析是最为有用的创新技法。系统分析法主要有以下三种。

1）设问探求法

设问探求法就是针对创造目标从各个方面提出一系列有关的问题，设计者针对提问进行分析和思考，通过思维的发散和收敛逐一找出问题的理想答案。设问探求法是由很多创造原理构成的，在创造学中被称为"创造技法之母"。设问探求法种类不少，最具有代表性的是美国创造学家奥斯本的"检核表法"。"检核表法"是从以下几个方面设问并进行检核的：

（1）有无其他用途？现有的发明成果有无更多的用途？或稍加改进后有无新的用途？

（2）能否借用？有无类似的东西可以借用、模仿？

（3）能否改变？如形状、形式、方法、颜色、声音或味道等。

（4）能否扩大？如扩大使用范围、增加功能、延长寿命、添加部件、提高强度、加倍、加长、加高、加大等。

（5）能否缩小？能否省略一部分？能否微型化？能否浓缩？能否分割？能否再小点、再轻点、再短点、再低点、再薄点？

（6）能否代用？采用其他工艺？其他元件？其他动力？其他配方？其他材料？

（7）能否改变？改变元件或型号？改变顺序或结构？改变配方或方案？调整速度？调整程序？

（8）能否颠倒？如上下颠倒、正负颠倒、里外颠倒、工艺方法颠倒等。

（9）能否组合？如方案组合、目标组合、部件组合、材料组合等。

设问探求法是一种强制性思考，有利于突破不愿提问的心理障碍。设问探求法也是一种多角度发散性的思考过程，是广思、深思与精思的过程。

2）缺点列举法

任何事物总是有缺点的，而人们总是期望事物能至善至美。这种客观存在着的现实与主观愿望之间的矛盾，是推动人们进行创造的一种动力，也是运用缺点列举法创新的客观基础。

如果列举现有产品的缺点，最好将产品投放市场试销，让用户提意见，这样获得的缺点对于改进企业产品或提出新产品概念最有参考价值。例如将普通单缸洗衣机投放市场试销并收集用户意见后，便可列举洗衣服的缺点：

(1)功能单一，缺少甩干功能。

(2)使用不便，需要人工进水排水。

(3)洗净度不高，尤其是衣领、袖口等处不易洗净。

(4)混洗不同颜色的衣物容易造成互染。

(5)排水速度太慢，肥皂泡沫更难速排。

(6)衣物易绞结，不易快速漂洗。

在明确需要克服的缺点后，就得有的放矢地进行创造性思考，并通过改进设计去获得新的技术方案。因此，运用缺点列举法还应建立在改进设计的能力基础上。

3）希望点列举法

希望就是人们心里期待达到的某种目的或出现的某种情况，是人类需要心理的反映。设计者从社会需要或个人愿望出发，通过希望点的列举来形成创造目标或课题，这在创新技法上叫做希望点列举法。

希望点列举法在形式上与缺点列举法相似，都是将思维收敛于某"点"而后又发散思考，最后又聚焦于某种创意。但是，希望点列举法的思维基点比缺点列举法更宽，设计的目标更广。虽然二者都依靠联想法推动列举活动，但希望点列举法更侧重自由联想。此外，相对来说，这种技法也是一种主动创造方式。

3. 联想法

联想是由现实生活中的某些人或事物的触发而想到与之相关的人或事物的心理活动或思维方式。联想思维由此及彼，由表及里，形象生动，奥妙无穷，是科技创造活动中最常见的一种思维活动。发明创造离不开联想思维。

联想是对输入头脑中的各种信息进行加工、转换、连接后输出的思维活动。联想并不是不着边际的胡思乱想。足够的知识与经验积累是联想思维纵横驰骋的保证。

1）相似联想

相似联想是从某一思维对象想到与它具有某些相似特征的另一思维对象的联想思维。这种相似，既可能是形态上的，也可能是空间、时间、功能等意义上的。尤其是把表面差别很大但意义上相似的事物联系起来，更有助于将创新思路从某一领域引导到另一领域。

由"同弧所对圆周角等于圆心角的一半"这一数学定理，人们创造出倍角机构，如图2-10所示。此机构当输入杆1转过β角时，输入杆2便有2β角的运动输出。但需满足一定的几何条件，即A点轨迹应位于以O为圆心、OC为半径所确定的圆周上。该机构实际上就是典型的摆动导杆机构，其构造简单、制造容易、价格低廉，可广泛应用于仪器仪表工业。这个机构所运用的定理可以说是人们共知的，但能否将其灵活应用于机构运动学中，发明出这样的倍角机构，就需要人的创造性联想。

2）接近联想

接近联想是从某一思维对象想到与它有接近关系的思维对象上的联想思维。这样接近关系可能是时间和空间上的，也可能是功能和用途上的，还可能是结构和形态上的。

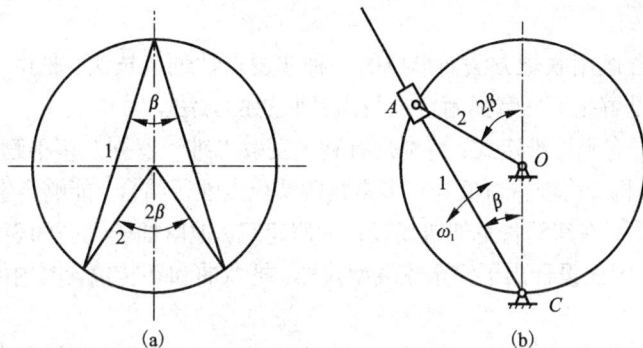

图 2 – 10　倍角机构

　　美国发明家威斯汀豪斯一直希望寻求一种同时作用于整列火车车轮的制动装置。当他看到挖掘隧道时驱动风钻的压缩空气是用橡胶软管从数百米之外的压缩空气站送来的现象时，运用接近联想，脑海中立刻涌现了气动刹车的创意，从而发明了火车的气动刹车装置。这个装置是将压缩空气沿管道迅速送到各节车厢的气缸里，通过气缸的活塞将刹车闸片抱紧在车轮上，从而大大提高了火车运行的安全性，至今仍被广泛采用。

　　3）对比联想

　　客观事物之间广泛存在着对比关系，诸如冷与热、白与黑、多与少、高与低、长与短、上与下、宽与窄、凹与凸、软与硬、干与湿、远与近、动与静等。对比联想就是由事物完全对立或存在某些差异而引起的联想。

　　由于是从对立的、颠倒的角度去思考问题，因而具有背逆性和批判性，常会产生转变思路、出奇制胜的良好效果。

　　例如，在曲柄摇杆机构中，即使曲柄匀速转动，摇杆摆动的角度也并不均匀，而实际工程中希望摇杆能获得近似均匀的角速度。曲柄摇杆机构是将主动件曲柄的匀速转动变成从动件的变速运动，那么反过来，让变速运动的摇杆作主动件，就可使曲柄做匀速运动，若不做整周转动，即可得匀速摆动。如图 2 – 11（a）所示为输出件近似匀速摆动的连杆机构。该连杆机构由两个曲柄摇杆机构对称串联而成，前一机构中变速摆动的摇杆 3 正是后一机构中的主动件。该机构中输出构件 1'能获得 120° ～150°摆角的近似匀速的摆动运动，其角速度曲线如图 2 – 11（b）所示。

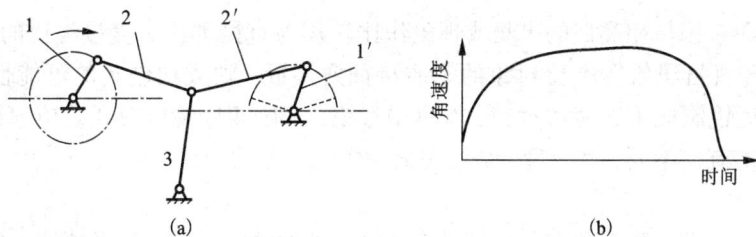

图 2 – 11　从一个转动曲柄得到近似匀速角速度的摆动机构

4）强制联想

强制联想是综合运用联想方法而形成的一种非逻辑性创造技法，是由完全无关或亲缘相当远的多个事物及见解之间，牵强附会地找出其联想的方法。

强制联想有利于克服思维定式，特别是有利于发散思维。罗列众多事物，再通过收敛思维分析事物的属性、结构，将创造对象与众多事物的特色点强行结合，能够产生众多奇妙的联想。

建筑师萨里受委托在纽约肯尼迪机场设计一座建筑，他由柚子漂亮的表皮联想到了与之风马牛不相及的建筑，因而设计出了完全流线型式样、把弯曲和环转包含其内的世界一流建筑。

4. 类比法

比较分析多个事物之间的某些想通或者相似之处，从而提出新设想的方法，称为类比法。"他山之石，可以攻玉"就是这样方法的真实写照。

类比法是以比较为基础。将陌生与熟悉、未知与已知相对比，这样，由此物及彼物，由此类及与彼类，可以启发思路，提供线索，触类旁通。

采用类比法关键是本质的类似，并且不但要分析本质的类似，还要认识到它们之间的差别，避免生搬硬套、牵强附会。

类比法需借助原有知识，但又不能受之束缚，应善于异中求同，同中求异。

创造性的类比思维并不基于严密的推理，而是源于自然想像和超常的构思。类比对象间的差异愈大，其创造设想才愈富新颖性。按照比较对象的情况，类比法可分为以下四类。

1）拟人类比

拟人类比是将人设想为创造对象的某个因素，设身处地想像，从而得到有益的启示。

拟人类比将自身思维与创造对象融为一体。在人与人的关系中，设身处地地考虑问题；以物为创造对象时，则投入感情因素，将创造对象拟人化，把非生命对象生命化，体验问题，产生共鸣，从而悟出某些无法感知的因素。

例如，为改善人际关系，可采用拟人类比法，设身处地体会对方的心理活动，从而提出解决问题的有效方案。

比利时布鲁塞尔的某公园，为保持洁净、优美的园内环境，采用拟人类比法对垃圾桶进行改进设计，当把废弃物"喂"入垃圾桶内时，让它道声"谢谢"，由此游人兴趣盎然，专门捡起垃圾放入桶内。

拟人类比创新思维被广泛应用于自动控制系统开发中，如适应现代建筑物业管理的楼宇自动控制系统、机器人、计算机软件系统的开发等都利用了拟人类比进行创新设计。

2）直接类比

将创造对象直接与相类似的事物或现象作比较称为直接类比。直接类比的特点是简单、快速，可以避免盲目思维。类比对象的本质特征愈接近，则成功创新的可能性就愈高。例如，由天文望远镜制成了航海望远镜、军事望远镜、戏剧望远镜以及儿童望远镜，不论它们的外形以及功能有何不同，其原理、结构完全一样。

3）象征类比

象征类比是借助事物形象和象征符号来比喻某种抽象的概念和思维感情。象征类比是直觉感知，并使问题的关键显现、简化。文学作品、建筑设计中经常运用这种创造技法。

4）因果类比

两事物之间有某些共同属性，根据一事物的因果关系推出另一事物的因果关系的思维方法，称为因果类比。因果类比需要联想，要善于寻找过去已确定的因果关系，善于发现事物的本质。

5. 仿生法

从自然界获得创造灵感，甚至直接仿照生物原型进行创造发明，就是仿生法。仿生法具有启发、诱导、拓展创造思路的显著功效。仿生法不是简单地模仿自然现象，而是将模仿与现代科技有机结合，设计出具有新功能的仿生系统，这种仿生创造性思维的产物是对自然的超越。例如：不少国家积极开展对人的手指、手腕和手臂的结构、动作和运动范围的分析研究，研制出各种多自由度的生物电控或声控的机械手，从事危险环境的作业。同时在深入研究人体步态和大小腿的结构、动作原理和可动范围之后，已研制出各种类型的两足步行机器人。人们为了通过松软地面和跨越较大障碍还努力研究四足行走生物、六足行走生物机理，发展步行机构学。为了提高沙漠行走的效率，研究骆驼足底的构造和行走机理。另外，通过研制蛇行机构来探测煤气管道的故障；通过研制鱼游机构来解决深水中的探测问题。随着人们对各种各样仿生机构的深入研究，将会有利于创造出各种新颖的、具有特殊功能的新机构来。

6. 组合创新法

在人类的发明创造活动中，按照所采用的技术来源可分为两大类：①采用全新技术原理取得的成果，属于突破型发明；②采用已有的技术并进行重新组合的成果，属于组合再生型发明。从人类发明史看，初期以突破型发明为主，随后，这类发明的数量呈减少趋势。特别是在 19 世纪 50 年代后，在发明总量中，突破型发明的比重大大下降，而组合型发明的比值急剧增加。在组合中求发展，在组合中实现创新，已成为现代科技创新活动的一种趋势。

组合创新法在工程中的应用极其广泛。人类在数千年的发展历程中积累了大量的各类技术，这些技术在其应用领域中逐渐发展成熟，有些已达到相当完善的程度，这是人类极其珍贵的巨大财富。由于组合的技术要素比较成熟，因此组合创新一开始就站在一个比较高的起点上，不需要花费较多的时间、人力与物力去开发专门技术，不要求创造者对所应用的技术要素有较深的造诣，所以进行创造发明的难度明显降低，成功的可能性当然要大得多。

组合创新法应用的是已有的成熟技术，但这并不意味着其创造的是落后的或低级的产品，实际上适当的组合不但可以产生新的功能，甚至可以是重大发明。航天飞船飞离地球，将"机遇号"和"勇气号"火星探测器送上火星，这是人类伟大的发明创造；火星之旅运用的成熟技术数不胜数，如果缺少其中的某项成熟技术，登陆火星和成功探测都无疑将以失败告终。组合创新法实际上是加法创造原理的应用。根据组合的性质，它可以分为以下几种：

1）功能组合

人们生产商品的目的是为了应用。一些商品的功能已为人们普遍接受，通过组合，可以使产品同时具有人们所需要的多种功能，以满足人类不断增长的消费需求。取暖的热空调器与制冷的冷空调器原来都是单独的。科技人员设法将这两种功能组合起来，发明了可以方便转换的两用空调，提高了人类的生活质量。手表原来只有计时功能，别出心裁的设计者将指南针与温度计的功能组合在表上，使人们可以随时监察自己的体温和判别方位，满足了一些消费者的特殊需要。功能组合在国防科技发明中也有巨大的潜能。

2）材料组合

很多场合要求材料具有多种功能特性，而实际上单一材料很难同时兼备需求的所有性能。通过特殊的制造工艺将多种材料加以适当组合，可以制造出满足特殊需要的材料，如塑钢门窗就是铝材和塑料的组合。

3）同类组合

将同一种功能或结构在一种产品上重复组合，以满足人们对功能的更高要求，这是一种常用的创新方法。使用多个气缸的汽车、使用多个发动机的飞机、多节火箭，这些采用同类的运载工具，目的都是为了获得更大的动力。

4）异类组合

创新的目的是为了获得具有新功能的产品，不同的商品往往有着不同的功能，如果能将这些属于不同商品的相异功能组合在一起，这样的新产品实际上就具有了满足人们需求的新功能，这就是异类组合。

有些商品有些相同的成分，将这些商品加以组合，使其共用这些相同的成分，可以使总体结构简单，价格更便宜，使用也更方便。将车床、钻床、铣床组合而成的多功能机床可以分别完成其他几类机床的机械加工工作。

此外，技术组合和信息组合等也是常用的组合创新技法。技法组合是将现有的不同技术、工艺、设备等加以组合而形成的发明方法。信息组合则是将有待组合的信息元素制成图表，图表上的交叉点即为可供选择的组合方案。前者特别适用于大型项目创新设计和关键技术的应用推广；后者操作简便，是信息社会中能有效提高效率的创新技法。

机构运动方案的创新最终要靠执行机构来实现，开发和创造各种设计巧妙的机构，很大程度上决定了创新的成败。以下简要介绍一些与传动方案创新有关的实例，其中包括部分构思精巧且简单适用的机构，希望它们能对设计者进行机构运动方案的创新提供一些有益的帮助。

2.3.3 机构运动方案创新实例

1. 简单机构的扩展使用

清华大学第十七届挑战杯竞赛作品爬杆机器人如图 2-12(a)所示，吸引了众多眼球，它就是将常用的曲柄滑块机构运用在设计中。

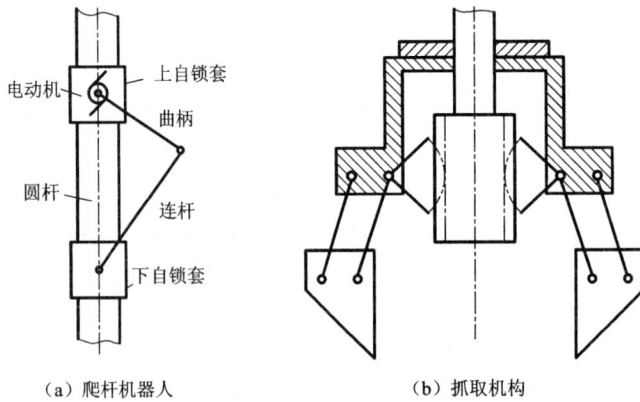

（a）爬杆机器人　　　　　　　（b）抓取机构

图 2-12　简单机构

如图 2-12(b)所示的抓取机构就是采用了简单的平行四边形机构，利用其连杆平动的特点实现抓取动作。

2. 采用固定的曲面构件

用连续卷纸生产包装纸袋、填充被包装物和切断，可以用来模拟人手工折制、切断和装填过程，而采用曲面固定构件则十分巧妙。如图 2-13(a)所示，采用成形固定构件的象鼻成形器，用于实现纸袋卷制成形这一复杂的工艺动作，然后连续进行物料填充及后续的切断，轻易实现了纸袋卷制成形的复杂动作，使制袋、填料、包装一气呵成。如图 2-13(b)所示则使用固定的凸轮为机架，使 BC 构件能方便地实现复杂的运动规律。

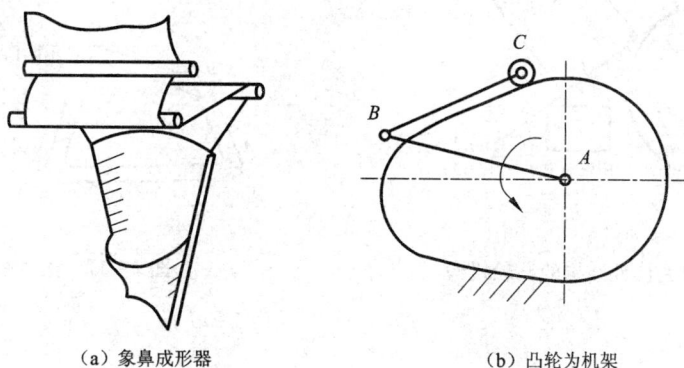

（a）象鼻成形器　　　　（b）凸轮为机架

图 2-13　曲面构件

3. 借助连杆曲线实现间歇运动

利用连杆机构产生的带有圆弧或直线段的连杆曲线，同样可以实现间歇运动（如图 2-14 所示）。

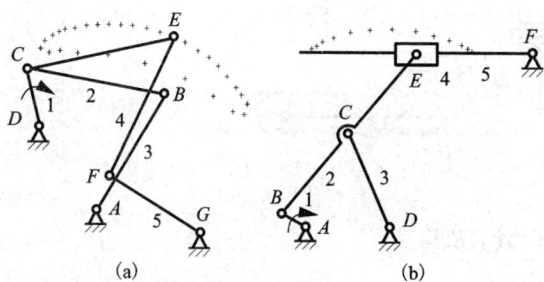

(a)　　　　(b)

图 2-14　利用连杆曲线实现间歇运动

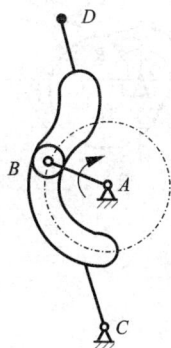

图 2-15　改变构件形状实现间歇运动

4. 改变构件的形状

在直线导杆的基础上设置一段圆弧槽（半径与曲柄等长）。通过改变导杆形状得到的导杆机构可以在极限位置具有较长时间的停歇（如图 2-15 所示）。

5. 改变构件的结构

如图 2-16 所示的凸轮机构将摆杆设计成两段，用弹簧约束，靠限位装置挡块来决定运

23

动构件, 在推杆未接触到挡块之前, 构件 2 和 3 如同一个构件, 其运动与普通的凸轮机构相同, 一旦遇到挡块, 则构件 2 单独运动。如图 2-17 所示则为单纯使用弹性元件构成柔性关节, 取代一般刚性运动副创造出的柔顺机构, 机构无须装配, 具有体积小, 重量轻, 不需润滑, 制造、维护费用低等特点。

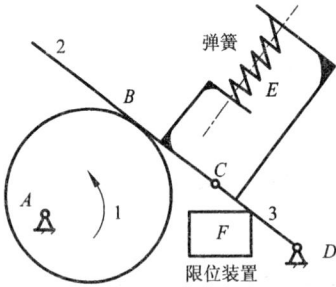

图 2-16　改变构件结构的凸轮机构

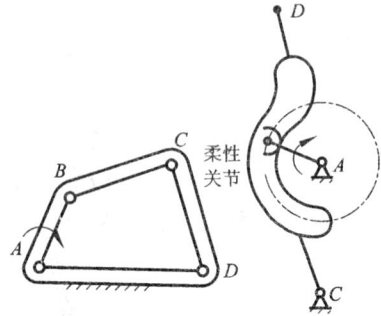

图 2-17　柔顺机构

6. 组合机构

如图 2-18 所示的连杆机构与凸轮机构的并联组合, 使原来只能实现有限轨迹点的连杆机构扩展为在理论上能精确实现任意轨迹的组合机构。图 2-18 中的连杆机构与非圆齿轮机构的串联组合, 使正弦机构的构件 4 在推程近似匀速, 而且行程速比系数 K 约为 3。

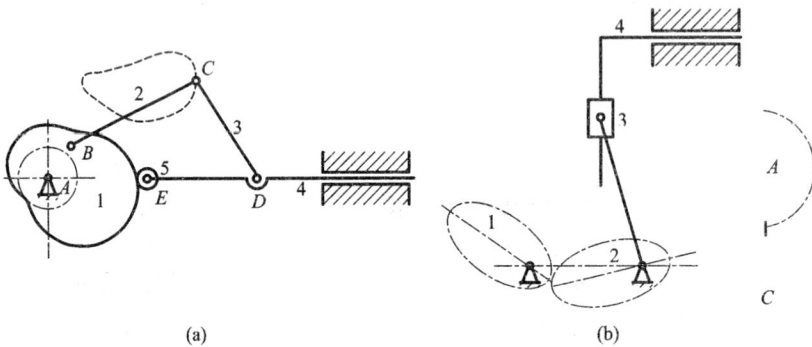

(a)

(b)

图 2-18　组合机构

24

第 3 章
用图解法进行机构分析与设计

　　图解法是指利用图形来分析或演算问题的方法，也是机械设计中一种常用的分析和解决问题的方法。相对于解析法而言，图解法原理简单，方法直观，易于掌握，但同时也存在计算误差大、精度差等缺点。随着计算机辅助设计方法的推广应用，利用计算机高速精确的计算能力和强大的图形显示能力，借助通用的 CAD 图形软件，完成几何图形的绘制和少量的分析计算，不仅可得到比传统手工作图精度高得多的设计结果，还可减少设计周期和成本，目前已成为一种实用性很强的辅助设计手段。

　　这里所介绍的图解法是基于机构运动分析图解法的思路，借助 AutoCAD 强大的绘图功能，生成平面图形的各种基本要素，如点、直线、圆、多边形、曲线等的方法。软件的图形编辑功能很多，能实现图形的复制、平移、旋转、镜像、剪切、拉伸、倒角、删除等。软件的尺寸标注功能方便作图者精确测量并标注出相关尺寸，同时还可精确完成线段端点、中点、交点、垂足、圆心、圆弧切点等的捕捉，因此通过作图，能快捷并精确得到所需要的垂直线、平行线、切线等。在作图过程中，无须编写冗长的计算机程序，只要掌握机构运动、受力和图解设计的基本知识和 AutoCAD 软件的基本操作技能，就可以精确地求出所需结果。

　　本章主要介绍在 AutoCAD 环境下，一些常用机构的图解设计。

3.1　AutoCAD 绘图软件简介

　　AutoCAD 是由美国 Autodesk 公司开发的通用计算机辅助设计（Computer Aided Design，CAD）软件，具有易于掌握、使用方便、体系结构开放等优点，能够绘制二维图形与三维图形、标注尺寸、渲染图形以及打印输出图纸，目前已广泛应用于机械、建筑、电子、航天、土木工程、轻工、商业等领域。

3.1.1　AutoCAD 的界面组成与环境配置

　　通常启动 AutoCAD 软件后（以 AutoCAD 2005 为例），将出现如图 3 - 1 所示的用户界面。界面主要包括标题栏、菜单栏、工具栏、工具选项板、图纸管理器、绘图窗口、命令窗口、状态栏等几大部分。

3.1.2　AutoCAD 的快捷命令输入

　　要提高绘图速度，只有掌握 AutoCAD 提供的快捷命令输入方法。所谓快捷命令是 AutoCAD 为了提高绘图速度而定义的快捷方式，它用一个或几个简单的字母来代替常用的命令，这样可避免人们去记忆众多的长命令，也使操作者不必为了执行一个命令，在菜单和工具栏上花费太多时间。

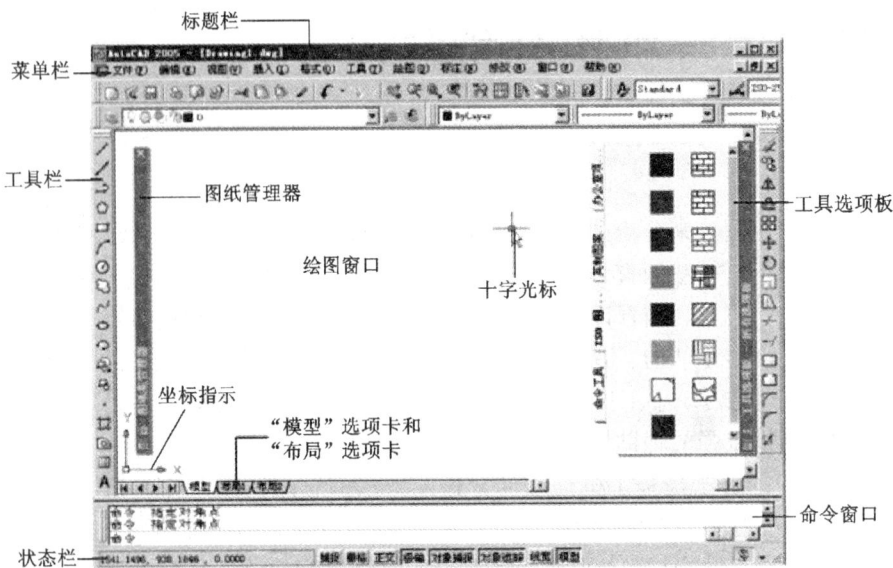

图 3-1 AutoCAD 的界面组成

所有定义的快捷命令都保存在 AutoCAD 安装目录下 SUPPORT 子目录中的 ACAD. PGP 文件中,我们可以通过修改该文件的内容来定义自己常用的快捷命令。每次新建或打开一个 AutoCAD 绘图文件时,CAD 本身会自动搜索到安装目录下的 SUPPORT 路径,找到并读入 ACAD. PGP 文件。当 AutoCAD 正在运行的时候,可通过命令行的方式,用 ACAD. PGP 文件里定义的快捷命令来完成一个操作,比如我们要画一条直线,只需要在命令行里输入字母 "L"即可。

1. 快捷命令的命名规律

(1) 快捷命令通常是该命令英文单词的第一个或前两个字母,有的是前三个字母。

比如,直线(LINE)的快捷命令是"L";复制(COPY)的快捷命令是"CO";线型比例 (LTScale)的快捷命令是"LTS"。

在使用过程中,试着用命令的第一个字母,不行就用前两个字母,最多用前三个字母,也就是说,AutoCAD 的快捷命令一般不会超过三个字母,如果一个命令用前三个字母都不行的话,只能输入完整的命令。

(2) 另外一类的快捷命令通常是由"Ctrl 键 + 一个字母"组成的,或者用功能键 F1 ~ F8 来定义。比如 Ctrl 键 + "N",Ctrl 键 + "O",Ctrl 键 + "S",Ctrl 键 + "P"分别表示新建、打开、保存、打印文件;F3 表示"对象捕捉"。

(3) 如果有的命令第一个字母都相同的话,那么常用的命令取第一个字母,其他命令可用前两个或前三个字母表示。比如"R"表示 Redraw,"RA"表示 Redrawall;比如"L"表示 Line,"LT"表示 LineType,"LTS"表示 LTScale。

(4) 个别例外的需要我们去记忆,比如"修改文字"(DDEDIT)就不是"DD",而是"ED"; 还有"AA"表示 Area,"T"表示 Mtext,"X"表示 Explode。

(5) 用户可自行添加一些 AutoCAD 命令的快捷方式到文件中。通常,快捷命令使用一个

26

或两个易于记忆的字母,并用它来取代命令全名。快捷命令定义格式如下:

　　快捷命令名称, ∗ 命令全名

　　如:CO, ∗ COPY

即键入快捷命令后,再键入一个逗号和快捷命令所替代的命令全称。AutoCAD 的命令必须用一个星号作为前缀。

2. AutoCAD 常用命令的快捷方式

1) 操作命令

CH, MO——PROPERTIES(修改特性"Ctrl + 1")

MA——MATCHPROP(属性匹配)

ST——STYLE(文字样式)

COL——COLOR(设置颜色)

LA——LAYER(图层操作)

LT——LINETYPE(线形)

LTS——LTSCALE(线形比例)

LW——LWEIGHT(线宽)

UN——UNITS(图形单位)

ATT——ATTDEF(属性定义)

ATE——ATTEDIT(编辑属性)

BO——BOUNDARY(边界创建包括创建闭合多段线和面域)

AL——ALIGN(对齐)

EXIT——QUIT(退出)

EXP——EXPORT(输出其他格式文件)

IMP——IMPORT(输入文件)

OP, PR——OPTIONS(自定义 CAD 设置)

PRINT——PLOT(打印)

PU——PURGE(清除垃圾)

R——REDRAW(重新生成)

REN——RENAME(重命名)

SN——SNAP(捕捉栅格)

DS——DSETTINGS(设置极轴追踪)

OS——OSNAP(设置捕捉模式)

PRE——PREVIEW(打印预览)

TO——TOOLBAR(工具栏)

V——VIEW(命名视图)

AA——AREA(面积)

DI——DIST(距离)

LI——LIST(显示图形数据信息)

2) 绘图命令

PO——POINT(点)

L——LINE（直线）

XL——XLINE（射线）

PL——PLINE（多段线）

ML——MLINE（多线）

SPL——SPLINE（样条曲线）

POL——POLYGON（正多边形）

REC——RECTANGLE（矩形）

C——CIRCLE（圆）

A——ARC（圆弧）

DO——DONUT（圆环）

EL——ELLIPSE（椭圆）

REG——REGION（面域）

MT——MTEXT（多行文本）

T——MTEXT（多行文本）

B——BLOCK（块定义）

I——INSERT（插入块）

W——WBLOCK（定义块文件）

DIV——DIVIDE（等分）

H——BHATCH（填充）

3）修改命令

CO——COPY（复制）

MI——MIRROR（镜像）

AR——ARRAY（阵列）

O——OFFSET（偏移）

RO——ROTATE（旋转）

M——MOVE（移动）

E，DEL 键——ERASE（删除）

X——EXPLODE（分解）

TR——TRIM（修剪）

EX——EXTEND（延伸）

S——STRETCH（拉伸）

LEN——LENGTHEN（直线拉长）

SC——SCALE（比例缩放）

BR——BREAK（打断）

CHA——CHAMFER（倒角）

F——FILLET（倒圆角）

PE——PEDIT（多段线编辑）

ED——DDEDIT（修改文本）

4）视窗缩放

P——Pan（平移）

Z + 空格 + 空格——实时缩放

Z——局部放大

Z + P——返回上一视图

Z + E——显示全图

5）尺寸标注

DLI——DIMLINEAR（创建线性尺寸标注）

DAL——DIMALIGNED（对齐标注）

DRA——DIMRADIUS（创建圆和圆弧的半径标注）

DDI——DIMDIAMETER（直径标注）

DAN——DIMANGULAR（角度标注）

DCE——DIMCENTER（中心标注）

DOR——DIMORDINATE（点标注）

TOL——TOLERANCE（标注形位公差）

LE——QLEADER（快速引出标注）

DBA——DIMBASELINE（基线标注）

DCO——DIMCONTINUE（连续标注）

D——DIMSTYLE（标注样式）

DED——DIMEDIT（编辑标注）

DOV——DIMOVERRIDE（替换标注系统变量）

3.1.3　AutoCAD 常用快捷键

F1：获取帮助

F2：实现作图窗和文本窗口的切换

F3：控制是否实现对象自动捕捉

F4：数字化仪控制

F5：等轴测平面切换

F6：控制状态行上坐标的显示方式

F7：栅格显示模式控制

F8：正交模式控制

F9：栅格捕捉模式控制

F10：极轴模式控制

F11：对象追踪模式控制

Ctrl + A：选择当前工作区（模型空间或图纸空间）全部对象

Ctrl + B：栅格捕捉模式控制（F9）

Ctrl + C：将选择的对象复制到剪切板上

Ctrl + D：坐标激活控制

Ctrl + E：等轴测平面方面切换

29

Ctrl + F：控制是否实现对象自动捕捉（F3）

Ctrl + G：栅格显示模式控制（F7）

Ctrl + J：重复执行上一步命令

Ctrl + K：超级链接

Ctrl + L：正交模式控制（F8）

Ctrl + M：打开选项对话框

Ctrl + N：新建图形文件

Ctrl + O：打开图像文件

Ctrl + P：打开打印对话框

Ctrl + Q：退出程序

Ctrl + S：保存文件

Ctrl + U：极轴模式控制（F10）

Ctrl + V：粘贴剪贴板上的内容

Ctrl + W：对象追踪式控制（F11）

Ctrl + X：剪切所选择的内容

Ctrl + Y：重做

Ctrl + Z：取消前一步的操作

Ctrl + 1：打开特性对话框

Ctrl + 2：打开图像资源管理器

Ctrl + 3：打开工具栏选项板

Ctrl + 6：打开图像数据原子

Ctrl + 0：清理工作环境

Ctrl + [Shift] + A：群组模式控制

Ctrl + [Shift] + B：捕捉控制

Ctrl + [Shift] + C：指定基点复制

3.2 平面连杆机构速度与加速度及受力分析图解法

具体绘图步骤如下：

（1）首先在 AutoCAD 环境中，设定长度比例尺，根据已知条件，用一般作图法精确绘制机构运动位置图，并分析机构的组成、运动情况，确定各运动副的相对位置。

（2）建立速度矢量方程，设定速度比例尺，作出速度多边形，求解从动件角速度及构件上点的速度。

（3）建立加速度矢量方程，设定加速度比例尺，作出加速度多边形，求解从动件角加速度及构件上点的加速度。

（4）建立机构力的矢量方程，设定力比例尺，作出力多边形，求解平衡力及运动副反力。

以上（2）、（4）步骤中，要注意所作的封闭多边形与相应的矢量方程式的关系。作图时要充分利用 CAD 软件的图形复制、平移、旋转、缩放、尺寸测量及精确取点等功能，以达到高效、准确作图的目的，从而确保求解精度。由于机构速度图形与加速度图形中的相关各线段与机构位置图中的各对应边之间基本上是垂直或平行的关系,所以在使用 AutoCAD 进行绘图时,为提高作图效率,可用 AutoCAD 的内嵌式 AutoLisp 语言,编制 PXLINE(平行线命令)和 CZLINE(垂直线命令),并将其载入 AutoCAD 菜单中,这样可使得在具体作图过程中避免反复使用 COPY(复制)、MOVE(移动)、OFFSET(等距线)、ERASE(擦除)、TRIM(修剪)等命令。

(5) 在相应图上进行测量即可得所求。

例 1:已知一铰链四杆机构位置如图 3 - 2(a)所示。各构件的长度及曲柄的角速度为 ω。试求连杆 2 的角速度 ω_2、角加速度 α_2 及其点 C 和点 E 的速度和加速度。

具体步骤如下:

(1) 首先画出机构运动位置图,如图 3 - 2(b)所示(此图为原机构位置的倒置图)。

(2) 进行各点速度与加速度分析。分析如下:

$$v_C = v_B + v_{CB}$$

方向	?	☑	☑
大小	☑	☑	?

式中:$v_B = l_{AB}\omega_1$ 方向垂直于 l_{AB} 且与 ω_1 转向一致

$$a_C^n + a_C^\tau = a_B + a_{CB}^n + a_{CB}^\tau$$

方向	☑	☑	☑	☑	☑
大小	☑	?	☑	☑	?

式中:$a_C^n = v_C^2/l_{CD}$;方向:由 C 指向 D

a_C^τ 大小未知;方向:垂直于 CD

$a_B = \omega_1^2 l_{AB}$;方向:由 B 指向 A

$a_{CB}^n = \omega_2^2 l_{BC}$;方向:由 C 指向 B

a_{CB}^τ 大小未知;方向:垂直于 CB

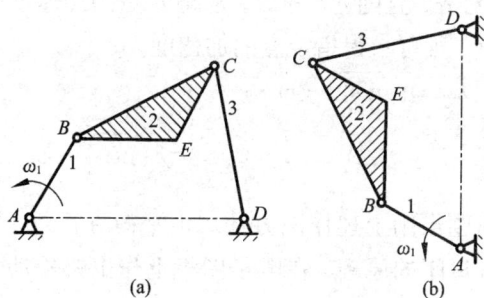

图 3 - 2 平面连杆机构运动位置图

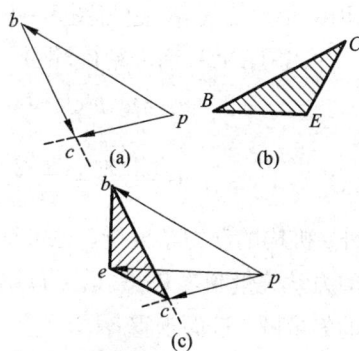

图 3 - 3 平面连杆机构速度矢量图

(3) 选好比例系数作速度矢量图。

先打开极坐标跟踪,用 LINE 命令,指定速度极点 p,通过捕捉图 3 - 2(b)中 AB 的平行线,绘制线段 pb,此代表 v_B 矢量;

再用 PXLINE 命令，过 p 点绘制与图 3-2(b)中 CD 相平行的线段 pc，同样方法下过 b 点绘出与图 3-2(b)中 BC 相平行的线段 bc。两条线的交点即为 C 点，此代表速度矢量 v_C，得到图 3-3(a)。

然后用影像法求 E 点的速度。即从图 3-2 中拷贝出图形 BCE。用 ALIGN 命令，以图 3-3(a)中 b、c 为目标点，且随目标点缩放得图形 BCE 影像，最后可得点 E 的速度影像 e 点。如图 3-3(c)所示。

作图中的多余线段则用 TRIM 和 ERASE 命令删除，最后用 DISTANCE 命令精确测量图中各段长度。

由理论力学知识可知，

$$v_C = \mu_v \ \overline{pc} \quad (\text{m} \cdot \text{s}^{-1}); \qquad v_K = \mu_v \ \overline{pe} \quad (\text{m} \cdot \text{s}^{-1}); \qquad \omega_2 = \frac{v_{bc}}{l_{BC}} = \frac{\mu_v}{l_{bc}} \quad (\text{s}^{-1})$$

各点加速度的求法与上述类似。

以比例系数 μ_a 作加速度矢量图(如图 3-4 所示)：打开极坐标跟踪，用 LINE 命令，指定速度极点 p'，通过捕捉图 3-2(a)中 AB 的平行线，绘制代表 a_B 的矢量线段 $p'b'$；捕捉图 3-2(a)中 BC 的平行线，绘制代表 a_{CB}^n 的矢量线段 $b'n_2$；捕捉图 3-2(a)中 CD 的平行线，绘制代表 a_C^n 的矢量线段 $p'n_3$。用 XLINE 命令绘制过 n_2 点平行于图 3-2(b)中 BC 的构造线和过 n_3 点平行于图 3-2(b)中 CD 的构造线。两条构造线的交点即为 C 点加速度矢量的终

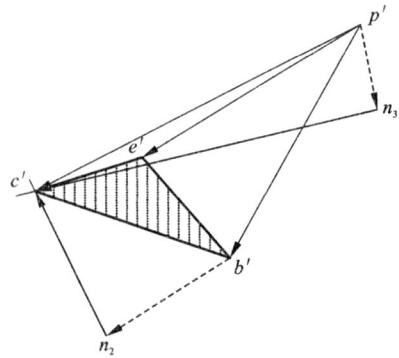

图 3-4　平面连杆机构加速度矢量图

点 c'，并用 TRIM 和 ERASE 命令删除多余线段。再拷贝一个如图 3-3(b)所示的图形 BCE，并用 ALIGN 命令使其 BC 边与图 3-4 中 $b'c'$ 线段对齐，且随 $b'c'$ 缩放，求得 E 点的加速度影响点 e'，用 DISTANCE 命令精确测量图中各段长度，则可求得指定点的加速度。

$$a_C = \mu_a \ \overline{p'c'} \quad (\text{m} \cdot \text{s}^{-2}); \qquad a_E = \mu_a \ \overline{p'e'} \quad (\text{m} \cdot \text{s}^{-2});$$

$$a_2 = \frac{v'_{BC}}{l_{BC}} = \frac{\mu_a \ \overline{n_2 c'}}{l_{BC}} \quad (\text{s}^{-2})$$

此外，机构的动力学分析，也可针对不同的问题借用上述作图方法。由平衡方程，可按平衡后的力学矢量和为 0，矢量图首尾相连时自行封闭的原理，在电子图板上作出机构动力学分析的矢量图，进而求得各力学量的大小。

例2：已知图 3-5 中某刚性转子中各不平衡质量 m_i 及向径 r_i，试对其进行静平衡。

先列出该转子的平衡方程：$\boldsymbol{W}_b + \boldsymbol{W}_1 + \boldsymbol{W}_2 + \boldsymbol{W}_3 = 0$

即：$m_b \boldsymbol{r}_b + m_1 \boldsymbol{r}_1 + m_2 \boldsymbol{r}_2 + m_3 \boldsymbol{r}_3 = 0$

然后取好作图比例系数 μ_W，打开极坐标跟踪，用 Line 命令，通过捕捉图 3-5(a)中各不平衡质量所产生的惯性力的平行线，绘制力多边形，如图 3-5(b)所示，用 DISTANCE 命令精确测量其封闭边长度即为所求。

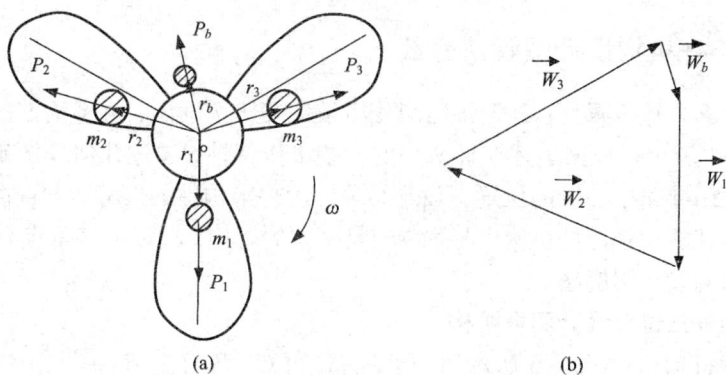

图 3 - 5　刚性转子的静平衡分析

3.3　用图解法进行平面连杆机构设计

3.3.1　平面连杆机构运动设计的基本问题

平面连杆机构设计中的主要任务是：按给定运动等方面要求，在选定机构型式后进行机构运动简图的设计，也即确定各构件的几何尺寸（如两转动副中心间的距离和运动副导路中心线方位等），不涉及机构的具体结构和强度，故称为机构的运动设计。

平面连杆机构的运动设计一般可归纳为以下三类基本问题：

1）实现构件给定位置（亦称刚体导引），即要求连杆机构能引导某构件按规定顺序精确或近似地经过给定的若干位置。

2）实现已知运动规律（亦称函数生成），即要求主、从动件满足已知的若干组对应位置关系，包括满足一定的急回特性要求，或者在主动件运动规律一定时，从动件能精确或近似地按给定规律运动。

3）实现已知运动轨迹（亦称轨迹生成），即要求连杆机构中作平面运动的构件上某一点精确或近似地沿着给定的轨迹运动。

在进行平面连杆机构运动设计时，往往是以上述运动要求为主要设计目标，同时还要兼顾一些运动特性和传力特性等方面的要求，如整转副要求、压力角或传动角要求、机构占据空间位置要求等。另外，设计结果还应满足运动连续性要求，即当主动件连续运动时，从动件也能连续地占据预定的各个位置，而不能出现错位或错序等现象。

平面连杆机构运动设计的方法主要是图解法和解析法，此外还有图谱法和模型实验法。在这里，图解法是利用机构运动过程中各运动副位置之间的几何关系，通过作图获得有关运动尺寸，对一些简单设计问题的处理该方法有效而快捷。

由于连杆机构对从动件的运动要求是多种多样的，要综合的问题也各不相同。一般可归结为：①主动件运动规律一定时，要求从动件能实现给定的对应位置或近似实现给定函数的运动规律；②要求连杆能实现给定的位置；③要求连杆上某点能近似沿给定曲线运动。其中

33

②是研究运动几何学的基本问题，据此也可求解近似实现给定曲线的机构。

3.3.2 平面连杆机构设计图解法介绍

图解法设计的大致步骤是：首先将已知几何条件按比例画出，再将给定的运动要求转换成几何条件，接着就可以根据上述连杆机构的一些工作特性，通过几何作图确定待定的转动副的中心和运动副导路中心线的位置。设计结果即为待求构件的尺寸，可直接从图上量取。

由于平面四杆机构是连杆机构中最简单、最基本的机构，故以下将重点介绍 AutoCAD 环境中平面四杆机构设计图解法。

1. 按给定连杆三位置设计四杆机构

由平面四杆机构(如图 3 − 6 所示)的运动特征可知，连杆上 B 点的轨迹是以 A 点为转动中心的一段圆弧，C 点的轨迹是以 D 点为圆心的一段圆弧，若能找到这两个圆心，此设计即可完成。

图 3 − 6 平面四杆机构

采用电子图板来完成这一作图过程非常容易。首先根据给定条件，由 LINE 命令依次画出连杆的三个位置，再利用三点圆弧命令 CIRCLE 分别用圆弧连接连杆两端点 B、C 的三个位置得 $B_1B_2B_3$ 和 $C_1C_2C_3$，如图 3 − 7(a)、(b)所示。

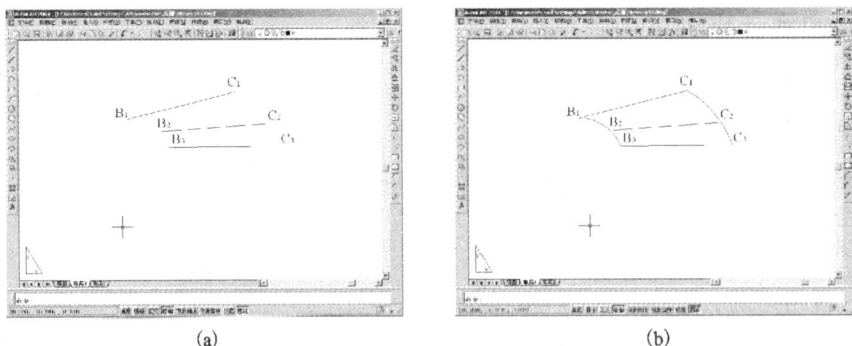

(a)

(b)

图 3 − 7

(a)作连杆三位置；(b)用圆弧命令连接连杆端点

接下来利用软件的中心线命令，将两段圆弧的圆心分别画出，即可确定四杆机构中机架的 A 点和 D 点，然后连接 AB_1C_1D，即为所设计的四杆机构，如图 3 − 8 所示。

通过查询命令，即可知道四杆机构中各杆的精确尺寸。

2. 按连架杆三位置问题进行设计

例 3：已知原动件 AB 的三个位置 AB_1、AB_2、AB_3，所对应的从动件 CD 上某一直线 DE 相应地位于 DE_1、DE_2、DE_3 三个位置。AB 杆和 AD 杆长度以及 φ_1、φ_2、φ_3、ψ_1、ψ_2、ψ_3 均已知。试设计此四杆铰链机构。

具体作图求解过程如下：

(1)选 μ_1，按已知条件作出 AB 与 DE 的三个对应位置(如图 3 − 9 所示)。

(2)连 B_2E_2、B_2D，得三角形 B_2E_2D，将其绕 D 点沿逆时针方向转过 $\psi_2 - \psi_1$，得点 B'_2，连 B_3E_3、B_3D，得三角形 B_3E_3D，将其绕 D 点沿逆时针方向转过 $\psi_3 - \psi_1 = 57°$，得点 B'_3。

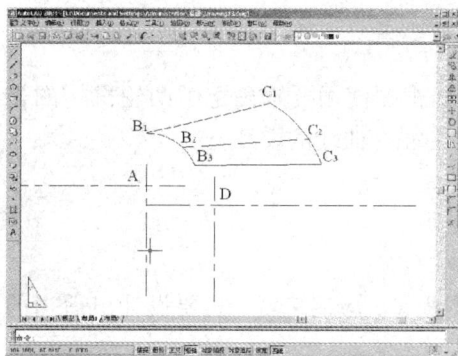

图 3 - 8　确定连杆端点的回转中心

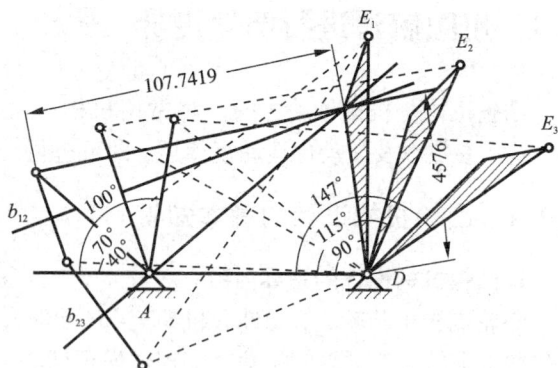

图 3 - 9　按连架杆三位置设计连杆机构

（3）连 $B_1B'_2$、$B'_2B'_3$，分别作其垂直平分线 b_{12}、b_{23}，b_{12}、b_{23} 的交点即为铰链 C。

（4）连 B_1C、CD，标注出其尺寸即为杆 BC、CD 的长度，最后可得 l_B、l_{CB}。

3. 按行程速变系数进行平面连杆机构设计

例4：已知某滑块的行程速比系数 K，滑块的冲程 H，偏心距 e，设计一曲柄滑块机构。

（1）先根据行程速比系数 K，算出极位夹角 θ。

（2）然后在 AutoCAD 环境下，利用 LINE、ORTHO 命令作直线 $C_1C_2 = H$，并由点 C_1 用 LINE 及相对极坐标作一直线与 C_1C_2 成 $90° - \theta$ 的夹角。

（3）再由点 CC_2 用 LINE、ORTHO 命令作 C_1C_2 的垂直线，两线相交于点 P（如图 3 - 10 所示）。

（4）用 CIRCLE 命令的三点绘圆命令过 C_1、C_2、P_3 点作圆。

（5）用 OFFSET 命令作出一与 C_1C_2 平行且间距为 e 的直线，此直线与上述圆的交点即为曲柄的轴心 A 的位置。

（6）用 SNAP、LINE 命令连接 AC_1、AC_2，再用 DIMENSTION 命令自动测得尺寸 AC_1、AC_2。

所作线条如图 3 - 11 所示。由此可得，曲柄的长度 $r = AB = AC_1 - AC_2/2$，连杆的长度 $l = AC_1 - r$。

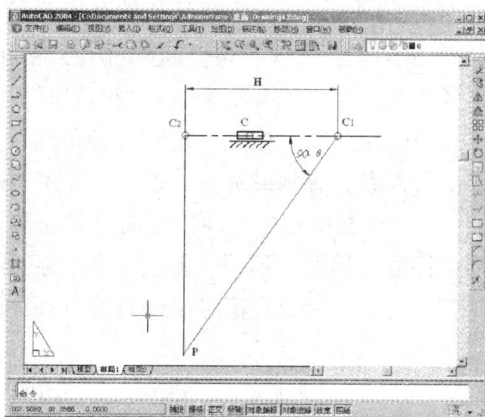

图 3 - 10　作滑块行程和极位夹角

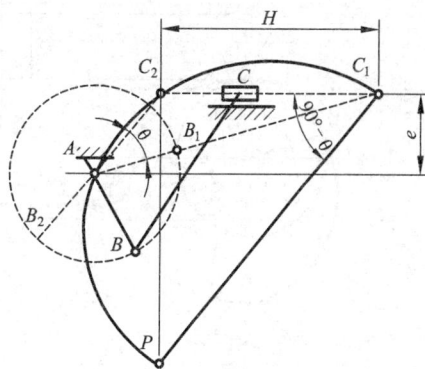

图 3 - 11　按极位夹角作图

35

3.4　用图解法进行凸轮设计

凸轮机构是机械传动中的一种常用机构。通常我们根据使用要求确定了凸轮机构的类型、基本参数以及从动件运动规律后，即可进行凸轮外形轮廓曲线的设计。

3.4.1　凸轮机构设计的基本知识

1. 凸轮机构设计的主要内容

凸轮机构由凸轮、从动件和机架三部分组成，结构简单，应用广泛，只要设计出适当的凸轮轮廓曲线，就可以使从动件实现任何预期的运动规律。

凸轮机构设计的内容主要包括：机构类型的决定、封闭形式的选用、从动件运动规律的合理选择、基圆半径的确定、轮廓曲线的设计和轮廓曲率半径的验算等。其中，凸轮的轮廓曲线主要根据从动件的运动规律进行设计，而从动件的运动规律又应根据工作要求选定。

2. 凸轮机构从动件的主要运动规律

如图 3 – 12 所示为尖顶从动件盘形凸轮机构，图 3 – 12(a)所示凸轮轮廓线上各点的轮廓向径是不相等的，以凸轮轴心为圆心，以凸轮轮廓最小向径为半径所作的圆，称为基圆，其半径为基圆半径，用 r_0 表示。当凸轮逆时针方向转动时，图示位置 A 是从动件移动上升的起点。当凸轮从图示位置 A 逆时针匀角速度 ω 转过 δ_0 时，由于凸轮向径的逐渐增大而使从动件由最近点上升到最远点，这一过程称为推程，对应凸轮转过的角度 δ_0 称为推程角。为了方便，从动件在推程中移动的距离定义为升程。当凸轮转过 δ_s 时，由于凸轮向径不变，因此从动件停留在最远点不动，这一过程称为远停程，对应凸轮转过的角度 δ_s 称为远休止角。当凸轮转过 δ_0' 时，由于凸轮向径逐渐减小，因而从动件由最远点返回到最近点，这一过程称为

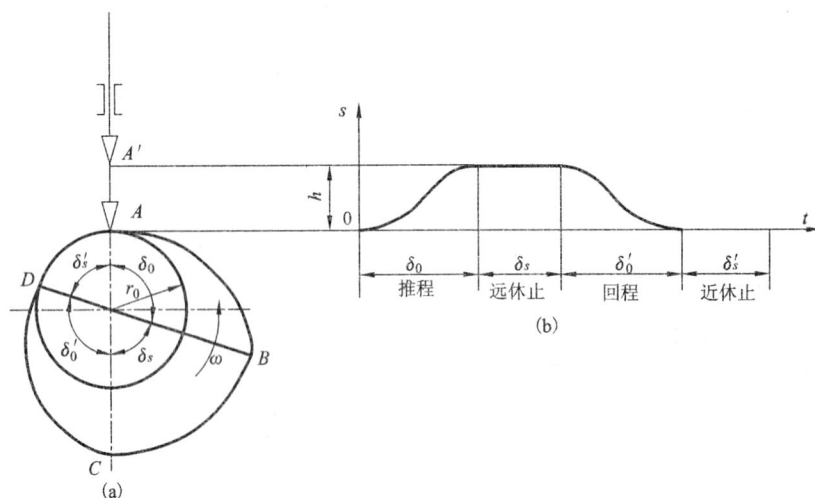

图 3 – 12　尖顶从动件盘形凸轮机构

(a)凸轮机构；(b)从动件位移线图

回程，对应凸轮转过的角度 δ_b 称为回程角。当凸轮转过 δ'_s 时，因凸轮向径不变，因此从动件停留在最近点不动，这一过程称为近停程，对应凸轮转过的角度 δ'_s 称为近休止角。从上述分析可看出，若凸轮逆时针等角速度转动，从动件会重复"推程 – 远停程 – 回程 – 近停程"的过程，这就是从动件的运动规律。图 3 – 12(b) 是图 3 – 12(a) 所对应凸轮机构的 s–δ 曲线即从动件位移线图。从动件(推杆)的运动规律是指从动件的位移 s、速度 v、加速度 a 与凸轮转角 δ(或时间 t)之间的函数关系，它是设计凸轮的重要依据。从动件常用运动规律见表 3 – 1。

表 3 – 1　常用从动件运动规律及特点

运动规律	推程运动方程	推程运动线图	特点及适用场合
等速运动	$$s = \frac{h}{\delta_0}\delta$$ $$v = \frac{h}{\delta_0}\omega$$ $$a = 0$$		特点：速度曲线连续，故不会产生刚性冲击，但在运动的起始和终止位置加速度曲线不连续，故会产生柔性冲击。适用场合：中速中载。当从动件作无停歇的升—降—升连续停歇运动时，加速度曲线变成连续曲线，用于高速场合。
等加速等减速运动	前半程 $$s = 2h\left(\frac{\delta}{\delta_0}\right)^2$$ $$v = 4h\omega\left(\frac{\delta}{\delta_0^2}\right)$$ $$a = 4h\left(\frac{\omega}{\delta_0}\right)^2$$ 后半程 $$s = h - \frac{2h}{\delta_0^2}(\delta_0 - \delta)^2$$ $$v = \frac{4h\omega}{\delta_0^2}(\delta_0 - \delta)$$ $$a = -4h\left(\frac{\omega}{\delta_0}\right)^2$$		特点：速度曲线连续，不会产生刚性冲击；因加速度曲线在运动的起始、中间和终止位置有突变，会产生柔性冲击。适用场合：中速轻载。

运动规律	推程运动方程	推程运动线图	特点及适用场合
简谐运动（余弦加速度运动）	$s = \dfrac{h}{2}\left[1 - \cos\left(\dfrac{\pi}{\delta_0}\delta\right)\right]$ $v = \dfrac{\pi h \omega}{2\delta_0}\sin\left(\dfrac{\pi}{\delta_0}\delta\right)$ $a = \dfrac{\pi^2 h \omega^2}{2\delta_0^2}\cos\left(\dfrac{\pi}{\delta_0}\delta\right)$		特点：速度曲线和加速度曲线均连续无突变，故既无刚性冲击也无柔性冲击。适用场合：高速轻载
摆线运动（正弦加速度运动）	$s = h\left[\dfrac{\delta}{\delta_0} - \dfrac{1}{2\pi}\cos\left(\dfrac{2\pi}{\delta_0}\delta\right)\right]$ $v = \dfrac{h\omega}{\delta_0}\left[1 - \cos\left(\dfrac{2\pi}{\delta_0}\delta\right)\right]$ $a = \dfrac{2\pi h \omega^2}{\delta_0^2}\sin\left(\dfrac{2\pi}{\delta_0}\delta\right)$		特点：速度曲线和加速度曲线均连续无突变，故既无刚性冲击也无柔性冲击。适用场合：高速轻载。

在工程实际中，常会遇到机械对从动件的运动和动力特性有多种要求，而只用一种常用运动规律又难于完全满足这些要求的情况。这时，为了获得更好的运动和动力特性，可把几种常用运动规律组合起来加以使用。

3. 从动件运动规律的选取原则

（1）当工作过程只要求从动件实现一定的工作行程，而对其运动规律无特殊要求时，应考虑所选的运动规律使凸轮机构具有良好的动力特性和加工工艺性能，便于加工。对于低速轻载的凸轮机构：主要考虑加工，选择圆弧、直线等易加工的曲线作凸轮轮廓，这时的动力特性不是主要的。对于高速轻载的凸轮机构首先考虑动力特性，避免产生过大冲击。

（2）当工作过程对从动件的运动规律有特殊要求，而凸轮的转速又不太高时，应首先从满足工作需求出发来选择从动件的运动规律，其次考虑其动力特性和便于加工。

（3）当工作过程对从动件的运动规律有特殊要求，而凸轮的转速又较高时，应兼顾两者来设计从动件的运动规律。通常可考虑把不同形式的运动规律恰当地组合起来，形成既能满足工作对运动的特殊要求，又具有良好动力性能。

（4）在选择或设计从动件运动规律时，除要考虑其冲击特性外，还应考虑其具有的最大速度 v_{max}、最大加速度 a_{max} 和最大跃度 j_{max}，这些值也会从不同角度影响凸轮机构的工作性能。v_{max} 和机构动量 mv_{max} 有关，影响机构停、动灵活和运行安全。a_{max} 和机构惯性 ma_{max} 有关，对构件的强度和耐磨性要求较高。j_{max}：与惯性力的变化率有关，影响从动件系统的振动和工作平稳性。

4. 凸轮机构设计的基本原理及其设计一般步骤

凸轮轮廓线设计方法有图解法和解析法。无论用哪种方法，其所依据的原理是相同的。凸轮廓线设计的基本方法是反转法，所依据的是相对运动原理。如图 3 - 13 所示，以对心直动尖顶推杆盘形凸轮机构为例，在设计凸轮轮廓线时，设想给整个凸轮机构以一个与凸轮角速度 ω 大小相等而方向相反（即 $-\omega$）的角速度，使其绕轴心 O 转动。这时凸轮将静止不动，而推杆一方面随机架相对凸轮以 ω 角速度反转运动，另一方面又以原有的运动规律[即 $s = s(\delta)$]相对于机架运动。由于推杆的尖顶始终与凸轮的轮廓保持接触，所以推杆在这种复合运动中，其尖顶的运动轨迹即为凸轮轮廓曲线。根据这一方法，求出推杆尖顶在推杆作这种复合运动中所占据的一系列位置点，并将它们连接成光滑曲线，即得所求的凸轮轮廓曲线。

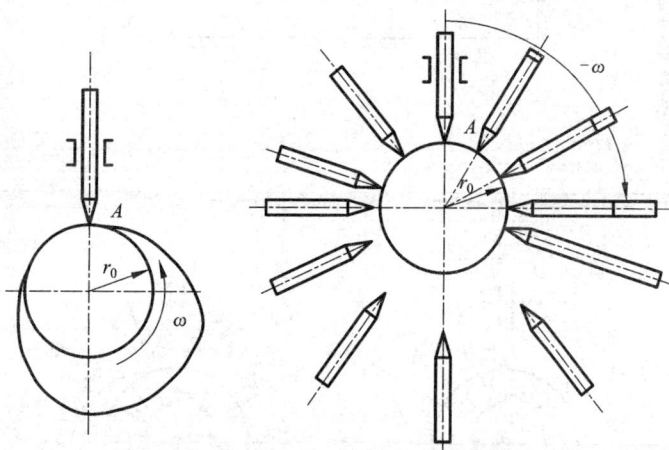

图 3 - 13　凸轮轮廓线设计的反转法原理

为满足凸轮机构从动件的运动、动力要求凸轮机构设计的一般步骤如下：

（1）选择凸轮类型和从动件运动规律；（2）确定凸轮的基圆半径；（3）确定凸轮的轮廓；（4）进行必要的静力、效率、动力分析。

3.4.2　尖底从动件盘形凸轮廓线的设计

例 5：设计一尖底从动件盘形凸轮机构。已知：尖底从动件基圆半径为 r_o，行程为 h，凸轮以等角速度 ω 逆时针旋转，从动件运动规律为：推程为简谐运动（δ_0），回程为等加速等减速运动（δ_0'），远休止角为 δ_s，近休止角为 δ_s'。

具体绘图步骤如下：

（1）作位移曲线图 3-14(a)。进入 AutoCAD 界面后，用 Line 命令绘制垂直线段 OA 和水平线段 OB，使 OA 等于 h，并等分推程角 δ_0 和回程角 δ_0'，得到 $1-1'$，$2-2'$，$\cdots$，$10-10'$，$11-11'$；然后用 ARRAY 命令将线段 OB 分为 12 条线段；用 ARC 命令以 OA 中点为圆心，以 $\frac{h}{2}$ 为半径作半圆弧，用 DIVIDE 命令将其等分，并由各等分点作水平线与对应的垂线相交，得到交点 $1'$，$2'$，$\cdots$，$5'$，$6'$；再用 SPLINE 命令过各交点作样条曲线，并且使始末点的切线方向水平；再用 LINE 命令画直线 $7'11'$，最后用 TRIM 命令剪掉多余线段，即为位移线图。

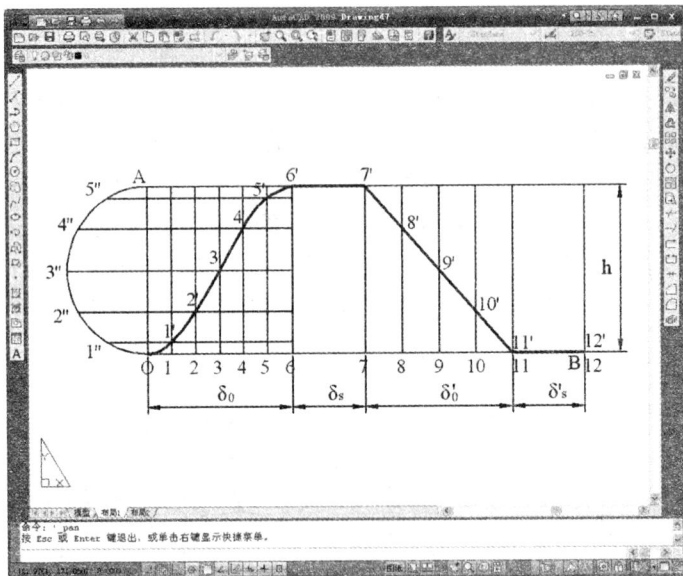

(a)

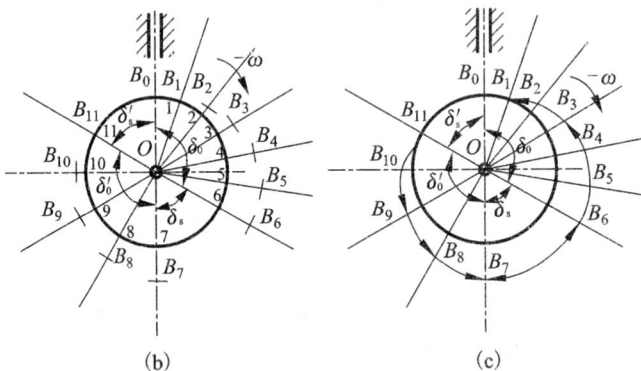

(b)   (c)

图 3-14

（2）以 r_o 为半径作基圆，取 B_0 为从动件初始位置，如图 3-14(b)所示。自 B_0 起，用剪切 TRIM 命令和绘圆弧 ARC 命令沿 $-\omega$ 方向将基圆中心角分为 δ_0、δ_s、δ_0'、δ_s' 对应四段圆弧，并将 δ_0、δ_0' 对应弧进行等分，份数与图 3-14(a)中相同，于是在基圆上得到 1，2，$\cdots$，10，11 点。

（3）在图 3-14(a)上量取各相应的行程，以此为半径，并分别以图 3-14(b)中基圆上 1，2，$\cdots$，10，11 点为圆心作弧，令其与各等分线相交于 B_1，B_2，$\cdots$，B_{10}，B_{11} 点，用绘制样条曲线 SPLINE 命令将各交点连成光滑曲线，样条曲线的光滑程度由 SPLINESEGS 命令设置控制。在 δ_s、δ_s' 范围用绘制圆弧 ARC 命令作圆弧，所得封闭曲线便是凸轮工作轮廓曲线。

3.4.3　滚子从动件凸轮廓线的设计

由机械原理知识可知，滚子中心的运动规律即为从动件的运动规律，它在复合运动中的轨迹即理论廓线 ξ 是一条与凸轮的实际廓线成法向等距的曲线。因此，把滚子中心视为尖底，用上述设计方法设计出凸轮的理论廓线，再以滚子半径为偏移量，用 OFFSET(平行复制)命令作出其等距曲线 ξ，即为所求的滚子从动件凸轮工作廓线，如图 3 – 15 所示。

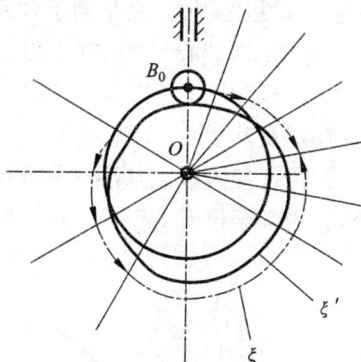

图 3 – 15　从动件凸轮工作廓线

3.4.4　平底从动件盘形凸轮廓线的设计

例 6：设计一平底从动件盘形凸轮机构。已知凸轮基圆半径 r_0，从动件的最大行程为 h，凸轮以等角速度 ω 沿逆时针方向回转，推程为余弦加速度运动，推程角 $\delta_0 = 120°$，远休止角 $\delta_s = 60°$；回程为余弦加速运动，回程角 $\delta_0' = 120°$；近休止角 $\delta_s' = 60°$。

具体绘图步骤如下：

(1)绘制从动件的运动线图如图 3 – 16 所示，并等分推程角 δ_0 和回程角 δ_0'，得到 1 – 1′，2 – 2′，…，12 – 12′，13 – 13′。进入 AutoCAD 界面后，用 LINE 命令绘制垂直线段 OA，水平线段 OB，使 OA 等于 h；用 ARRAY 命令将线段 OB 分为 14 条线段；用 ARC 命令以 OA 中点为圆心，以 $\dfrac{h}{2}$ 为半径作半圆弧，用 DIVIDE 命令将其等分，并由各等分点作水平线与对应的垂线相交，得到交点 1′，2′，…，12′，13′；再用样条曲线 SPLINE 命令过各交点作样条曲线，并且使始末点的切线方向水平，即为位移线图，最后用 Trim 命令剪掉多余线段。

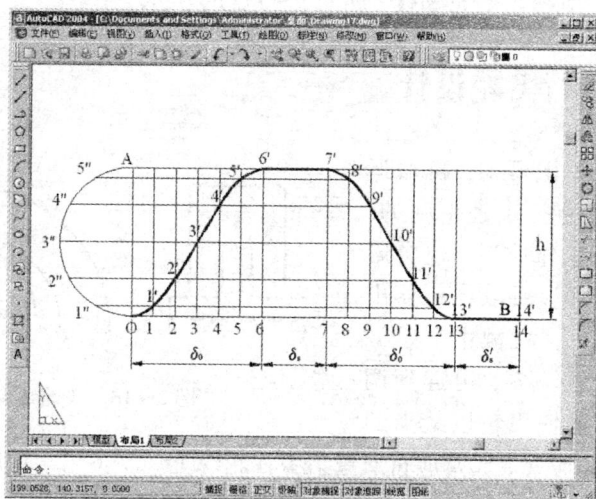

图 3 – 16　绘制从动件运动曲线图

41

（2）作基圆，并确定从动件的初始位置 B_o，如图 3 - 17（a）所示。自 B_o 点起，沿 $-\omega$ 方向等分基圆为 δ_0，δ_s，δ'_0，δ'_s，份数与图 3 - 16 中的相同。用 CIRCLE 命令绘制基圆，半径为 r_0；用 LINE 命令作线段 OB_0。交基圆于 B_0 点，过 B_0 点作垂直于 OB_0 的平底 η，如图 3 - 17（a）所示。用 ARRAY 命令，以圆心 O 为中心，设定阵列数和对应角度，给出环形阵列 OB_0 及 η，交基圆于 C_1，C_2，…，C_5，C_6 点；再用嵌夹功能将线段 OC_6 及其平底旋转复制 $-\delta_s$，交基圆于 C_7 点；再环形阵列线段 OB_0 及其平底，交基圆于 C_7，C_8，…，C_{12}，C_{13} 点，如图 3 - 17（b）所示。

（3）在各径向线上从图 3 - 16 中量取相应的位移量 $1 - 1'$，$2 - 2'$，…，$12 - 12'$，$13 - 13'$，得到平底的各个位置 B_0，B_2，…，B_{12}，B_{13}，将这些平底线进行包络即为凸轮的工作廓线。

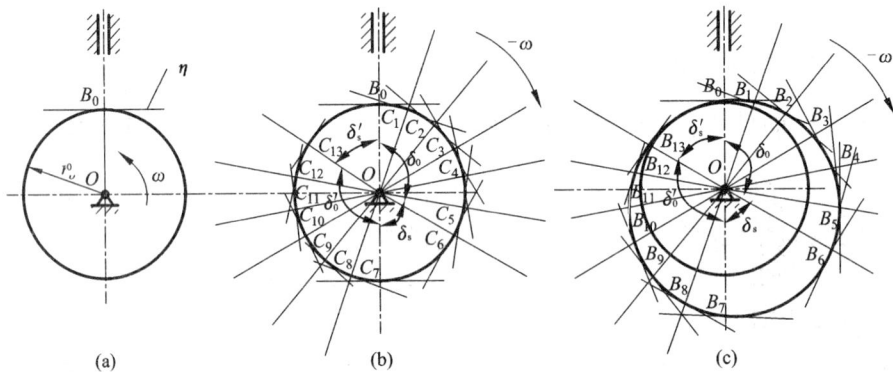

图 3 - 17　平底从动件盘形凸轮廓线设计

先用 Offset 命令，采用点的捕捉方式分别取运动线图上相应的位移量为偏移量，向外平行复制各个位置的平底；在推程和回程段分别用 SPLINE 命令作样条曲线，使样条曲线与各个位置的平底相切并在始末点的切线方向垂直于导路，再利用嵌夹功能的拉伸方法，以不符合要求的点为夹持点，调整其位置，使样条曲线真正成为平底的包络线；远休止和近休止部分用圆弧连接，即可得到所求凸轮廓线，如图 3 - 17（c）所示。

3.5　用图解法进行飞轮设计

由机械原理课程知识可知，机械运转的速度波动对机械的工作是不利的，它不仅将影响机械的工作质量，也会影响到机械的效率和寿命。所以在机器出现周期性速度波动时，在机械中加装一个具有很大转动惯量的飞轮，可起到调节速度波动的目的。为使飞轮以最少的

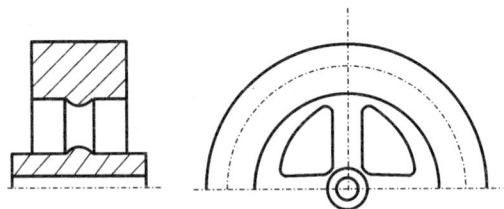

图 3 - 18　飞轮结构示意图

材料来达到最大的转动惯量，通常应将质量集中在轮缘上，故飞轮常做成如图 3 - 18 所示的形状。

飞轮设计的基本问题，就是根据机器实际所需的 ω_m 和 δ 来确定其转动惯量 J_F。其转动

惯量 J_F 的计算公式为:

$$J_F = \frac{900\Delta W_{\max}}{\pi^2 n^2 [\delta]} \tag{3-1}$$

由于

$$J_F \approx \frac{m}{4}D^2 \tag{3-2}$$

式中: m——飞轮的质量, $m = \pi\rho BHD$, ρ 为飞轮材质的密度;

　　　D——飞轮轮缘的平均直径, 按下式计算

$$D = \frac{D_1 + D_2}{2} \tag{3-3}$$

为计算飞轮的转动惯量, 关键是要求出最大盈亏功 $\Delta W_{\max}$, 即驱动功与阻抗功之差的最大值, 一般为等效力矩图中盈功或亏功的最大值。下面以图 3 - 19 为例进一步说明最大盈亏功 $\Delta W_{\max}$ 求解方法和一般步骤。

(1) 先获得作用在机械上的等效驱动力矩和等效阻抗力矩随等效构件转角的函数变化曲线[如图 3 - 19(a)所示]。在 AutoCAD 中可用两种方法画出函数曲线。

第一种方法: 利用 EXCEL 计算数据点坐标拟合函数曲线。

①打开 Excel 程序, 第一列中写入多个 x 坐标值, 间隔尽量小。

②在第二列中写入 y 值(输入与 x 的函数关系自动生成), 利用填充命令将 x 值对应的所有 y 值计算出来。

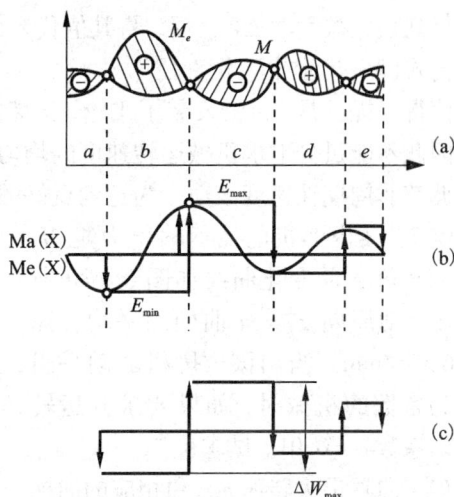

图 3 - 19　系统能量指示图

③用 A& ","&B 命令将 (x,y) 以坐标形式放在第三列, 然后将第三列所有坐标复制。

④打开 AutoCAD, 点击"多段线"或"样条曲线", 光标放在下面输入栏中, 右键点击粘贴便完成曲线的拟合。

第二种方法: 利用 AutoCAD 中宏生成函数曲线。

打开一个新的文件, 输入命令 Vbaman, 新建宏, 按 Alt + V, 可在宏中用熟悉语言编写程序并保存。以下为用 VB 语言编写正弦曲线 $y = \sin(x)$ 程序:

```
Sub sinline( )
Dim p(0 To 719) As Double
For i = 0 To 718 Step 2
p(i) = i * 2 * 3.1415926535897/360
p(i + 1) = 2 * Sin(p(i))
Next i
This Drawing. Model Space. Add Light Weight Polyline (p)
Zoom Extents
```

End Sub

然后打开 AutoCAD 界面，输入 Vbarun 命令，并运行宏，在 AutoCAD 界面就会生成函数曲线。

（2）利用 AutoCAD 中 Area 命令计算两曲线的闭合面积。

（3）采用步骤（1）同样的方法绘制机械动能 $E(\varphi)$ 变化曲线[如图 3 - 17(b)所示]。

（4）任意绘制一水平线，并分割成对应的区间。取好作图比例尺，调用 Line 命令从左至右依次画线，箭头向下表示亏功，箭头向上表示盈功，线段长度与阴影面积相等，由于循环始末的动能相等，故所得能量指示图[如图 3 - 17(c)所示]为一个封闭的台阶形折线。

（5）用 Dimenstion 命令自动测量能量指示图中最低点到最高点之间的高度值，即最大盈亏功 ΔW_{max}。

得到最大盈亏功 ΔW_{max} 后，将其值代入公式（3 - 1）便可求得飞轮的转动惯量 J_F，然后再根据公式（3 - 2）求出飞轮直径。

值得一提的是，机器安装了飞轮，虽然能减小速度波动的程度，但不能得到绝对匀速运转。因此不能过分追求机械运转速度的均匀性，否则将会使飞轮过于笨重。此外飞轮也不能用来调节非周期性速度波动。为达到良好的调速效果，通常飞轮应安装在机器的高速轴上。

例 7：某内燃机的曲柄输出力矩 M_d 随曲柄转角 φ 的变化曲线如图 3 - 20 所示，其运动周期 $\varphi_T = \pi$ 曲柄的平均转速 $n_m = 620$ r/min。当用该内燃机驱动一阻抗力为常数的机械时，如果要求其运转不均匀系数 $\delta = 0.01$，试求：

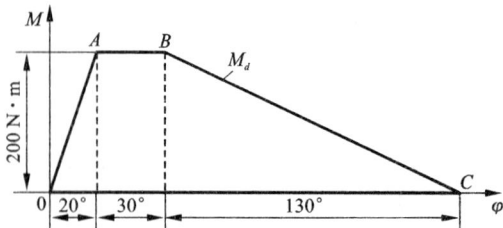

图 3 - 20　输出力矩随曲柄转变化曲线

（1）曲轴最大转速 n_{max} 和相应的曲柄转角位置 φ_{max}。

（2）装在曲轴上的飞轮转动惯量 J_F（不计其余构件的转动惯量）。

解：（1）先确定阻抗力矩，因一个运动循环内驱动功应等于阻抗功。所以有

$$M_{r\varphi T} = A_{OABC} = 200 \times (1/2) \times (\pi/6 + \pi)$$

解得

$$M_r = (1/\pi) \times 200 \times (1/2) \times (\pi/6 + \pi) = 116.67 \text{ N} \cdot \text{m}$$

设定作图比例尺，并在电子图版上调用 Line 命令作机械上的等效驱动力矩和等效阻抗力矩随等效构件转角的函数变化曲线，如图 3 - 21(a)所示。

然后再求曲轴最大转速 n_{max} 和相应的曲柄转角位置 φ_{max}：

在电子图版上多次调用 Line 命令作其系统的能量指示图[如图 3 - 21(b)所示]。由图可知在 c 处机构出现能量最大值。即 $\varphi = \varphi_c$ 时，$n = n_{max}$。故

$$\varphi_{max} = 20° + 30° + 130° \times (200 - 116.67)/200 = 104.16°$$

此时 $n_{max} = (1 + \delta/2)n_m = (1 + 0.01/2) \times 620 = 623.1$ r/min

44

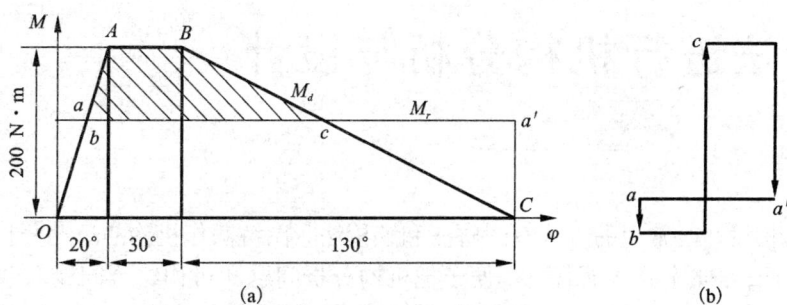

图 3 - 21　系统能量指示图

（2）求装在曲轴上的飞轮转动惯量 J_F：

$$\Delta W_{\max} = A_{bABC} = \frac{200 - 116.67}{2} \times \left(\frac{\pi}{6} + \frac{20\pi}{180} \times \frac{200 - 116.67}{200} + \frac{130\pi}{180} \times \frac{200 - 116.67}{200} \right)$$

$$= 67.26 \text{ N·m}$$

故：

$$J_F = \frac{900 \Delta W_{\max}}{\pi^2 n^2 [\delta]} = \frac{900 \times 67.26}{\pi^2 620^2 \times 0.01} = 1.596 \text{ kg·m}^2$$

第4章
用解析法进行机构分析与设计

在进行机构设计时常用的方法有图解法和解析法。图解法作机构的运动分析比较形象直观，但精度较低，费时较多，而且也不便于把机构分析问题和机构综合问题联系起来。采用解析法进行机构运动分析时具有结果准确，速度快，实现可视化，有利于数控加工实现 CAD/CAM 一体化的特点，因此，随着科学技术的发展，解析法得到越来越广泛的应用。

解析法是将机构中已知的运动参数与未知的运动参数和尺寸参数之间的关系用数学方程式表达出来，然后求解。其特点是可以得到很高的计算精度。这种方法，在数学和理论力学知识的基础上，掌握并不困难，而且运用算法语言和计算机的知识，可以利用计算机求解。

用解析法进行机构运动学和动力学分析时，关键是建立机构位移方程式，然后对位移方程关于时间求一阶和二阶导数，便得到速度方程和加速度方程，进而求出各运动参数。比如用解析法进行凸轮廓线设计的主要任务是根据已确定的运动参数和几何参数，建立起凸轮轮廓曲线与凸轮转角的函数关系。

4.1 用解析法进行机构运动学、动力学分析

4.1.1 用解析法进行机构运动学分析

采用解析法进行机构的运动分析，根据分析过程的不同，可分为两种：一种是整体运动分析法，把所研究的机构放在相应的坐标系中，始终把整个机构作为研究对象。另一种是基本杆组法，即把机构分解成基本杆组，并以它们作为研究对象，分别建立各个基本杆组的子程序（目前，常用的基本杆组已作了完整分析且编制了相应的子程序库）；根据机构的组成原理编一个正确调用所需求基本杆组的子程序的主程序来计算获得结果。用解析法作机构运动分析可分为三步，即建立数学模型、进行框图设计和编写程序上机计算。

1. 平面连杆机构的整体运动分析法

运动分析的内容虽然包括位移分析、速度分析和加速度分析三个方面，但关键问题是位移分析；至于速度和加速度，则是利用位移方程式对时间求一阶导数和二阶导数计算获得的。这里介绍常用的矢量投影法作机构的整体运动分析。分析时，在确定的直角坐标系中，选取各杆的矢量方向与转角，画出封闭的矢量多边形，列出矢量方程式，然后将矢量投影到坐标轴上，写出位置参量的解析表达式。在选取各杆的矢量方向及转角时，对于与机架相铰接的杆件，建议其矢量方向由固定铰链向外，这样便于标出转角。转角的正负，规定以轴的正向为基准，逆时针方向转至所讨论的矢量为正，反之为负。

在如图 4-1 所示四杆机构中，已知各杆的长度和原动件 AB 的角速度 ω_1 和位置角 φ_1，确定曲柄 AB 在回转一周的过程中每隔 $10°$ 时连杆 BC 和输出杆 CD 的位置角 φ_2 和 φ_3、角速度 ω_2 和 ω_3、角加速度 α_2 和 α_3。

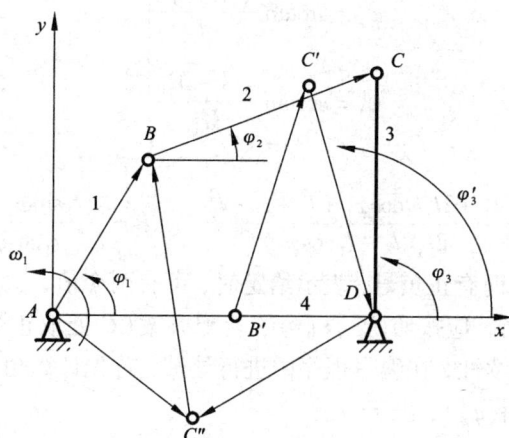

图 4 - 1

1）建立数学模型

如图 4 - 1 所示，以 A 为原点，x 轴和 AD 线重合，标出各个矢量转角，由封闭多边形可得

$$AB + BC = AD + DC$$

将上式中各矢量分别投影在 x 轴和 y 轴上得

$$\left.\begin{array}{l} l_1\cos\varphi_1 + l_2\cos\varphi_2 = l_3\cos\varphi_3 + l_4 \\ l_1\sin\varphi_1 + l_2\sin\varphi_2 = l_3\sin\varphi_3 \end{array}\right\} \qquad (4-1)$$

令 $l_1\sin\varphi_1 = b$，$l_4 - l_1\cos\varphi_1 = a$

$$\left.\begin{array}{l} l_2\sin\varphi_2 = l_3\sin\varphi_3 - b \\ l_2\cos\varphi_2 = l_3\cos\varphi_3 + a \end{array}\right\} \qquad (4-2)$$

两边平方后相加得

$$l_2^2 = l_3^2 - 2bl_3\sin\varphi_3 + b^2 + 2al_3\cos\varphi_3 + a^2$$

令

$$A = \frac{a^2 + b^2 + l_3^2 - l_2^2}{2al_3} \qquad B = \frac{b}{a}$$

则得

$$\cos\varphi_3 - B\sin\varphi_3 + A = 0$$

$$\cos\varphi_3 + A = B\sqrt{1 - \cos^2\varphi_3}$$

两边平方，整理得

$$(1 + B^2)\cos^2\varphi_3 + 2A\cos\varphi_3 + (A^2 - B^2) = 0$$

$$\cos\varphi_3 = \frac{-2A \pm \sqrt{4A^2 - 4(1 + B^2)(A^2 - B^2)}}{2(1 + B^2)}$$

$$\left.\begin{array}{l} = -\dfrac{1}{1 + B^2}(A + B\sqrt{1 - A^2 + B^2}) = M \\[2mm] = -\dfrac{1}{1 + B^2}(A - B\sqrt{1 - A^2 + B^2}) = M_1 \end{array}\right\} \qquad (4-3)$$

47

$$\left.\begin{array}{l} \varphi_3 = \arctan \dfrac{\sqrt{1-M^2}}{M} \\[3mm] \varphi_3 = \arctan \dfrac{\sqrt{1-M_1^2}}{M_1} \end{array}\right\} \qquad (4-4)$$

其中

$$A = \frac{l_4^2 - 2l_1 l_4 \cos\varphi_1 + l_1^2 + l_3^2 - l_2^2}{2l_3(l_4 - l_1 \cos\varphi_1)} \qquad B = \frac{l_1 \sin\varphi_1}{l_4 - l_1 \cos\varphi_1}$$

在式(4-4)中,根号前有正负号,表示给定时,可有两个值,这与图4-1所示 C 有两个交点(C 和 C'')的意义相当。应按照所给机构的装配方案(C 处取正号,C'' 处取负号)选择正负号;也可根据运动的连续性,在编写程序中进行处理,首先计算角 φ_1 的初值(如 $\varphi_1 = 0$)相对应的 φ_3 值(如图4-1中 φ_3'),由于

$$l_2^2 = l_3^2 + (l_4 - l_1)^2 - 2l_3(l_4 - l_1)\cos(\pi - \varphi_3)$$

$$\cos\varphi_3 = \frac{l_2^2 - l_3^2 - (l_4 - l_1)^2}{2l_3(l_4 - l_1)} = R \qquad (4-5)$$

$$\varphi_3 = \arctan\frac{\sqrt{1-R^2}}{R} \qquad (4-6)$$

以后在 φ_1 的循环中,每次都算出两个 φ_3 值,将它们与前一步的 φ_3 比较,选择接近的那个值。由式(4-2)得

$$\tan\varphi_2 = \frac{l_3 \sin\varphi_3 - l_1 \sin\varphi_1}{l_3 \cos\varphi_3 + l_4 - l_1 \cos\varphi_1} = R_1 \qquad (4-7)$$

$$\varphi_2 = \arctan R_1 \qquad (4-8)$$

将式(4-1)对时间求导得

$$\left.\begin{array}{l} l_1 \omega_1 \cos\varphi_1 + l_2 \omega_2 \cos\varphi_2 = l_3 \omega_3 \cos\varphi_3 \\ l_1 \omega_1 \sin\varphi_1 - l_2 \omega_2 \sin\varphi_2 = -l_3 \omega_3 \sin\varphi_3 \end{array}\right\} \qquad (4-9)$$

将坐标系绕原点转 φ_2 角,由式(4-9)得

$$l_1 \omega_1 \sin(\varphi_1 - \varphi_2) = l_3 \omega_3 \sin(\varphi_3 - \varphi_2)$$

所以

$$\omega_3 = \frac{l_1 \sin(\varphi_1 - \varphi_2)}{l_3 \sin(\varphi_1 - \varphi_2)}\omega_1$$

同理,将坐标系绕原点转 φ_3 角,由式(4-9)得

$$\omega_2 = -\frac{l_1 \sin(\varphi_1 - \varphi_3)}{l_2 \sin(\varphi_2 - \varphi_3)}\omega_1$$

角速度的正负分别表示逆时针和顺时针方向转动。

将式(4-9)对时间求导得

$$-l_1 \omega_1^2 \cos\varphi_1 - l_2 \omega_2^2 \cos\varphi_2 - \alpha_2 l_2 \sin\varphi_2 = -l_3 \omega_3^2 \cos\varphi_3 - \alpha_3 l_3 \sin\varphi_3$$

将坐标轴原点转 φ_2 和 φ_3 角,则由上式可得

$$\alpha_3 = \frac{\omega_1^2 l_1 \cos(\varphi_1 - \varphi_2) + \omega_2^2 l_2 - \omega_3^2 l_3 \cos(\varphi_3 - \varphi_2)}{l_3 \sin(\varphi_3 - \varphi_2)} \qquad (4-10)$$

$$\alpha_2 = -\frac{\omega_1^2 l_1 \cos(\varphi_1 - \varphi_3) - \omega_2^2 l_2 \cos(\varphi_2 - \varphi_3) + \omega_3^2 l_3}{l_2 \sin(\varphi_2 - \varphi_3)} \qquad (4-11)$$

48

2)程序框图(如图 4 − 2 所示)

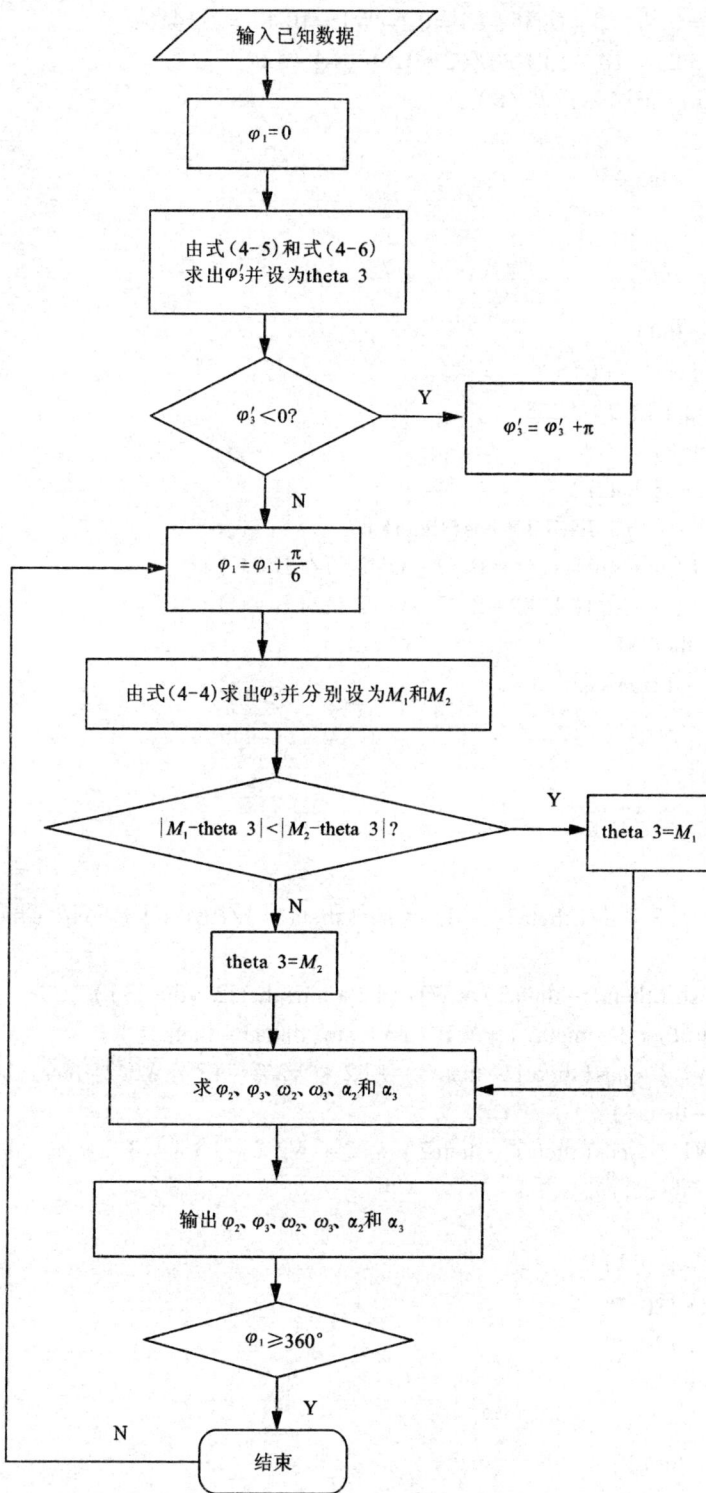

图 4 − 2　程序框图

3）算例和编程

```
L1 = 0.2; L2 = 0.4; L3 = 0.35; L4 = 0.5; W1 = 10 PI = 3.1416;
R = (L2^2 - L3^2 - (L4 - L1)^2)/(2 * L3 * (L4 - L1))
theta3 = - atan(sqrt(1 - R^2)/R)
if theta3 < 0
    Theta3 = theta3 + PI
end
i = 0;
theta1 = 0
while(theta1 < 360)
    theta1 = theta1 + PI * i/6
T = L4^2 + L3^2 + L1^2 - L2^2
A = - sin(theta1)
B = 1.4/L1 - cos(theta1)
C = T/(2 * L1 * L3) - L4/L3 * cos(theta1)
T1 = 2 * atan((A + sqrt(A.^2 + B.^2 - C.^2))/(B - C))
T2 = 2 * atan((A - sqrt(A.^2 + B.^2 - C.^2))/(B - C))
M = abs(T1 - theta3)
M1 = abs(T2 - theta3)
if M < M1
theta3 = T1
else
theta3 = T2
end
    theta2 = atan((L3 * sin(theta3) - L1 * sin(theta1))/(L4 + L3 * cos(theta3) - L1 * cos(theta1)))
    W2 = - L1 * sin(theta1 - theta3) * W1/(L2 * sin(theta2 - theta3))
    W3 = L1 * sin(theta1 - theta2) * W1/(L3 * sin(theta3 - theta2))
    E2 = (L1 * W1^2 * cos(theta1 - theta3) + L2 * W2^2 - L3 * W3^2 * cos(theta3 - theta2))/(L2 * sin(theta3 - theta2))
    E3 = (L1 * W1^2 * cos(theta1 - theta2) + L2 * W2^2 - L3 * W3^2 * cos(theta3 - theta2))/(L3 * sin(theta3 - theta2))
    i = i + 1
    the1 = theta1 * 180/PI
    the2 = theta2 * 180/PI
    the3 = theta3 * 180/PI
    figure(1);
    grid on
    x1 = L1 * cos(the1);
    y1 = L1 * sin(the1);
    x2 = x1 + L2 * cos(the2);
    y2 = x2 + L2 * sin(the2);
```

```
plot(x1,y1,'oB');
text(x1 +0.01,y1,'B')
hold on
plot(x2,y2,'oC');
text(x2 +0.01,y2,'oC')
line([0,x1,x2,0.5],[0,y1,y2,0])
text(0,0,'oA')
text(0.5,0,'oD')
hold off
end
```

程序中部分符号的含义为：

theta1（弧度），the1（度）为杆一的转角 φ_1；theta2（弧度），the2（度）为杆二的转角 φ_2；theta3（弧度），the3（度）为杆三的转角 φ_3；W2 为杆二的角速度 ω_2；W3 为杆三的角速度 ω_3；E2 为杆二的角加速度 α_2；E3 为杆三的角加速度 α_3；PI 为圆周率程序中取 3.1416。

注意，在各转角参与计算时，以 rad（弧度）为单位，分别采用 theta1，theta2，theta3 表示，输出结果时为了便于阅读，又改为以度为单位，又采用了 the1，the2，the3 三个变量。

部分计算结果：

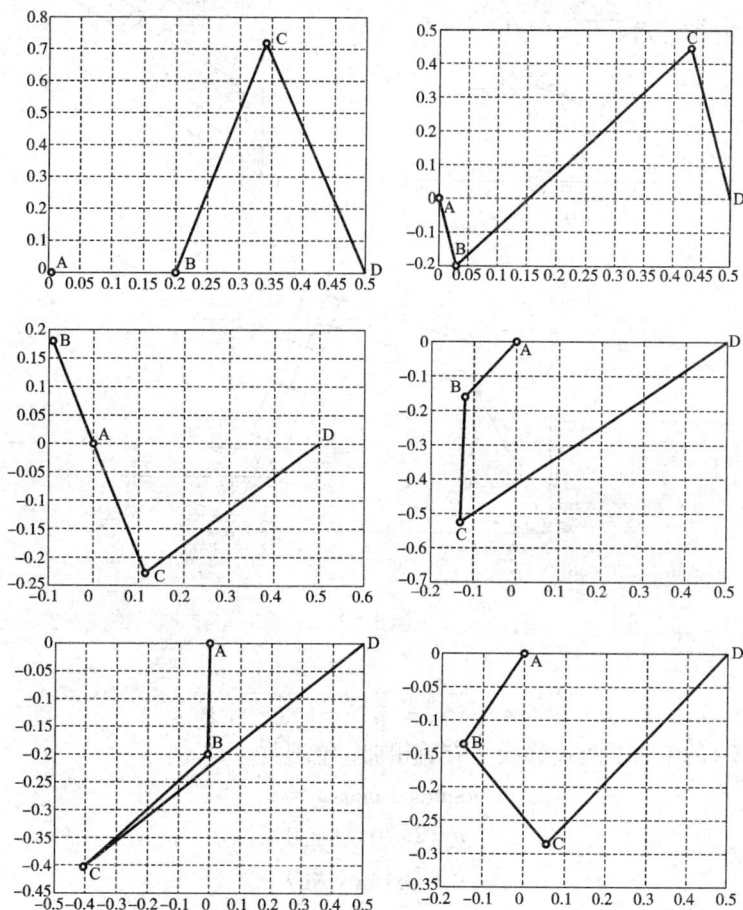

2. 平面连杆机构运动分析的基本杆组法

由机构组成原理可知，任何机构都可以分解成原动件、机架和若干基本杆组。这些基本杆组包括 II 级组、III 级组和 IV 级以上的高级组，而常用的平面连杆机构由大量 II 级组和一些 III 级组构成。本节介绍部分 II 级组的分析。

1) 二杆三铰链型 II 级杆组(RRR 型)

如图 4-3(a)所示，已知杆 2 和杆 3 的长度，点 M 和 N 的位置 (x_M, y_M) 和 (x_N, y_N)、速度 $(\dot{x}_M, \dot{y}_M)$ 和 $(\dot{x}_N, \dot{y}_N)$、加速度 $(\ddot{x}_M, \ddot{y}_M)$ 和 $(\ddot{x}_N, \ddot{y}_N)$，求杆 2 和杆 3 的角位移 φ_2 和 φ_3、角速度 ω_2 和 ω_3 和角加速度 α_2 和 α_3，以及内部运动副 Q 点的位置 (x_Q, y_Q)、速度 $(\dot{x}_Q, \dot{y}_Q)$、加速度 $(\ddot{x}_Q, \ddot{y}_Q)$。由图 4-3(a)可得 Q 点的矢量方程

$$\boldsymbol{OQ} = \boldsymbol{OM} + \boldsymbol{MQ} = \boldsymbol{ON} + \boldsymbol{NQ}$$

将上式中各矢量分别投影在 x 轴和 y 轴上

$$\left.\begin{array}{l} x_Q = x_M + l_2\cos\varphi_2 = x_N + l_3\cos\varphi_3 \\ y_Q = y_M + l_2\sin\varphi_2 = y_N + l_3\sin\varphi_3 \end{array}\right\} \quad (4-12)$$

M 和 N 两点间的距离

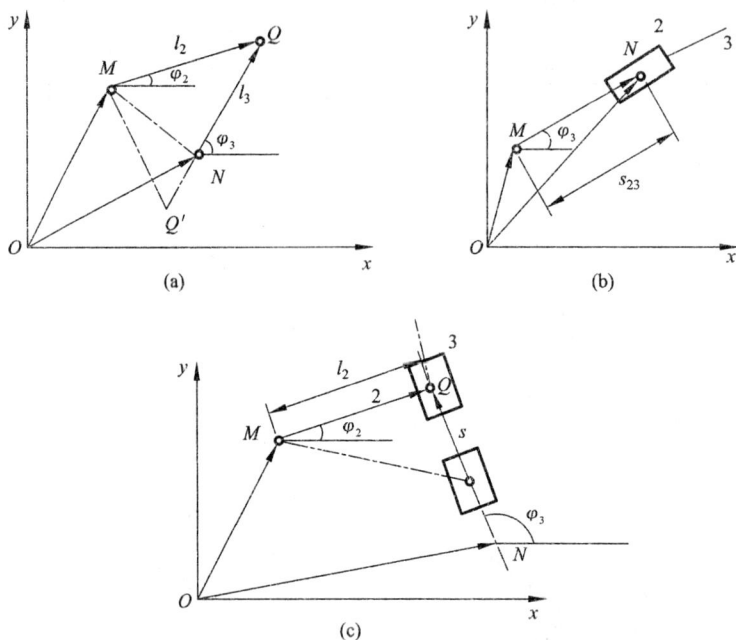

图 4-3

$$l_{MN} = \sqrt{(x_N - x_M)^2 + (y_N - y_M)^2} \quad (4-13)$$

将式(4-12)的上、下两式移项平方后相加，整理为

$$a\sin\varphi_2 + b\cos\varphi_2 = c \quad (4-14)$$

$$a = 2l_2(y_N - y_M)$$

$$b = 2l_2(x_N - x_M)$$

$$c = l_2^2 + l_{MN}^2 - l_3^2$$

52

为了用代数法解 φ_2，将式(4 – 13)改为正切函数方程

$$(b+c)\tan^2\frac{\varphi_2}{2} - 2a\tan\frac{\varphi_2}{2} - (b-c) = 0$$

$$\varphi_2 = 2\arctan\frac{a \pm \sqrt{a^2+b^2-c^2}}{b+c} \qquad (4-15)$$

上式中，φ_2 值有两个解，表示杆组可以有两种装配形式：当根式前取正号时，M、Q、N 三点绕转方向始终为顺时针；当根式前取负号时，M、Q、N 三点绕转方向始终为逆时针，如图 4 – 3(a)中双点画线所示。Q 点的坐标为

$$\left.\begin{array}{l} x_Q = x_M + l_2\cos\varphi_2 \\ y_Q = y_M + l_2\sin\varphi_2 \end{array}\right\} \qquad (4-16)$$

$$\varphi_2 = \arctan\frac{y_Q-y_N}{x_Q-x_N} \qquad (4-17)$$

(1)速度分析。

将式(4 – 12)上下两式对时间求导，整理后可得

$$-(y_Q-y_M)\omega_2 + (y_Q-y_N)\omega_3 = \dot{x}_N - \dot{x}_M$$

$$(x_Q-x_M)\omega_2 - (x_Q-x_N)\omega_3 = \dot{y}_N - \dot{y}_M$$

$$\left.\begin{array}{l} \omega_2 = \dfrac{(\dot{x}_N-\dot{x}_M)(x_Q-x_N) + (\dot{y}_N-\dot{y}_M)(y_Q-y_N)}{(y_Q-y_N)(x_Q-x_M) - (y_Q-y_M)(x_Q-x_N)} \\[3mm] \omega_3 = (\dfrac{(\dot{x}_N-\dot{x}_M)(x_Q-x_M) + (\dot{y}_N-\dot{y}_M)(y_Q-y_M)}{(y_Q-y_N)(x_Q-x_M) - (y_Q-y_M)(x_Q-x_N)} \end{array}\right\} \qquad (4-18)$$

将式(4 – 16)对时间求导，得 Q 点的速度

$$\left.\begin{array}{l} \dot{x}_Q = \dot{x}_M - \omega_2(y_Q-y_M) \\ \dot{y}_Q = \dot{y}_M + \omega_2(x_Q-x_M) \end{array}\right\} \qquad (4-19)$$

(2)加速度分析。

通过对已知点的位移、速度求导并整理后可得

$$\left.\begin{array}{l} a_2 = \dfrac{E(x_Q-x_N) + F(y_Q-y_N)}{(x_Q-x_M)(y_Q-y_N) - (x_Q-x_N)(y_Q-y_M)} \\[3mm] a_3 = \dfrac{E(x_Q-x_M) + F(y_Q-y_M)}{(x_Q-x_M)(y_Q-y_N) - (x_Q-x_N)(y_Q-y_M)} \end{array}\right\} \qquad (4-20)$$

Q 点的加速度

$$\left.\begin{array}{l} \ddot{x}_Q = \ddot{x}_M - \omega_2^2(x_Q-x_M) - \alpha_2(y_Q-y_M) \\ \ddot{y}_Q = \ddot{y}_M - \omega_2^2(y_Q-y_M) + \alpha_2(x_Q-x_M) \end{array}\right\} \qquad (4-21)$$

2) 滑块导杆型 II 级杆组(RPR)型

如图 4 – 3(b)所示，已知转动副中心点 M 和 N 的位置 (x_M, y_M) 和 (x_N, y_N)、速度 $(\dot{x}_M, \dot{y}_M)$ 和 $(\dot{x}_N, \dot{y}_N)$、加速度 $(\ddot{x}_M, \ddot{y}_M)$ 和 $(\ddot{x}_N, \ddot{y}_N)$，求杆3(即滑块2)的角位移 φ_3、角速度 ω_3、角加速度 α_3 以及滑块2相对杆3的位移 s_{23}、速度 v_{23}、加速度 a_{23}。

在图示的 xOy 坐标系中，由矢量三角形 OMN 可写出矢量方程

$$\boldsymbol{ON} = \boldsymbol{OM} + \boldsymbol{MN}$$

将上式投影到 x、y 轴上可得

$$x_N = x_M + l_{MN}\cos\varphi_3 = x_M + s_{23}\cos\varphi_3 \left.\right\}$$
$$y_N = y_M + l_{MN}\sin\varphi_3 = y_M + s_{23}\sin\varphi_3 \left.\right\} \tag{4-22}$$

由式(4-22)解得

$$\varphi_3 = \arctan\frac{y_N - y_M}{x_N - x_M} \tag{4-23}$$

$$s_{23} = \sqrt{(x_N - x_M)^2 + (y_N - y_M)^2} \tag{4-24}$$

将式(4-22)的上、下两式分别对时间一次求导,联立解得

$$\omega_3 = \frac{\cos\varphi_3(\dot{y}_N - \dot{y}_M) - \sin\varphi_3(\dot{x}_N - \dot{x}_M)}{s_{23}} \tag{4-25}$$

$$v_{23} = \sin\varphi_3(\dot{y}_N - \dot{y}_M) + \cos\varphi_3(\dot{x}_N - \dot{x}_M) \tag{4-26}$$

将式(4-22)的上、下两式分别对时间二次求导,联立解得

$$\alpha_3 = \frac{E\cos\varphi_3 - F\sin\varphi_3}{s_{23}}$$
$$a_{23} = E\sin\varphi_3 + F\cos\varphi_3 \tag{4-27}$$

式中

$$E = \ddot{y}_N - \ddot{y}_M - 2v_{23}\omega_3\cos\varphi_3 + s_{23}\omega_3^2\sin\varphi_3$$
$$F = \ddot{x}_N - \ddot{x}_M + 2v_{23}\omega_3\sin\varphi_3 + s_{23}\omega_3^2\cos\varphi_3$$

3)连杆滑块型 Ⅱ 级杆组(RRP 型)

如图 4-3(c)所示,已知杆 2 的长度 l_2,转动副中心点 M 位置(x_M, y_M)、速度$(\dot{x}_M, \dot{y}_M)$、加速度$(\ddot{x}_M, \ddot{y}_M)$导路上某一点 N 的位置(x_N, y_N)、速度$(\dot{x}_N, \dot{y}_N)$、加速度$(\ddot{x}_N, \ddot{y}_N)$,及导路的角位移 φ_3、角速度 ω_3、角加速度 α_3,以及滑块 3 的位移 s、速度 v^τ、加速度 a^τ。

如图 4-3(c)所示,xOy 坐标系和矢量多边形 $OMQN$,可得 Q 点的矢量方程

$$\boldsymbol{OQ} = \boldsymbol{OM} + \boldsymbol{MQ} = \boldsymbol{ON} + \boldsymbol{NQ}$$

将上式投影到 x、y 坐标轴上可得

$$x_M + l_2\cos\varphi_2 = x_N + s\cos\varphi_3 \left.\right\}$$
$$y_M + l_2\sin\varphi_2 = y_N + s\sin\varphi_3 \left.\right\} \tag{4-28}$$

求得

$$s = \frac{-B_1 \pm \sqrt{B_1^2 - 4B_2}}{2} \tag{4-29}$$

$$\varphi_2 = 2\arccos\frac{x_N - x_M + s\cos\varphi_3}{l_2} \tag{4-30}$$

式中

$$B_1 = 2(x_N - x_M)\cos\varphi_3 + 2(y_N - y_M)\sin\varphi_3$$
$$B_2 = x_N^2 + x_M^2 + y_N^2 + y_M^2 - 2x_Nx_M - 2y_Ny_M - l_2^2$$

在式(4-29)中,s 有两个解,表示杆 2 有两种装配方式:根式前取正号的,为图 4-3(c)中的实线位置;根式前取负号时,为双点画线位置。

将式(4-28)的上、下两式分别对时间一次求导,联立解得

$$v^T = \frac{-B_3\cos\varphi_2 - B_4\sin\varphi_2}{B_5} \tag{4-31}$$

$$\omega_2 = \frac{-B_3 \sin\varphi_3 - B_4 \cos\varphi_3}{l_2 B_5} \tag{4-32}$$

式中

$$B_3 = \dot{x}_N - \dot{x}_M - s\omega_3 \sin\varphi_3$$

$$B_4 = \dot{y}_N - \dot{y}_M + s\omega_3 \cos\varphi_3$$

$$B_5 = \cos(\varphi_3 - \varphi_2)$$

将式(4-28)上、下两式对时间二次求导,联立解得

$$a^T = \frac{-B_6 \sin\varphi_2 - B_7 \cos\varphi_2}{B_5} \tag{4-33}$$

$$\alpha_2 = \frac{B_6 \cos\varphi_3 - B_7 \sin\varphi_3}{l_2 B_5} \tag{4-34}$$

式中

$$B_6 = y_N - y_M + l_2 \omega_2^2 \sin\varphi_2 - s\omega_3^2 \sin\varphi_3 + s\alpha_3 \cos\varphi_3 + 2v^2 \omega_3 \cos\varphi_3$$

$$B_7 = x_N - y_N + l_2 \omega_2^2 \cos\varphi_2 - s\omega_3^2 \cos\varphi_3 - s\alpha_3 \sin\varphi_3 - 2v^2 \omega_3 \sin\varphi_3$$

上述内容只作了三种基本杆组的分析。设计过程中若遇到其他类型的基本杆组时,可以用类似的方法进行分析编程。目前常用的基本杆组的运动分析过程已编成了各种语言的子程序,需要时可直接调用。

4.1.2　用解析法对平面机构进行力分析

机构力分析的解析法有多种,其共同特点都是根据力的平衡条件列出机构所受各力之间的关系式,然后求解。

1. 矢量方程解析法

根据力的平衡条件建立矢量方程式 $\sum F = 0$ 和 $\sum M = 0$,然后代入已知数据,求解各运动副中的反力,然后求未知平衡力或平衡力矩。现以如图 4-4 所示的四杆机构为例,对其受力分析讨论。

设力 F 为作用于构件 2 上 E 点处的已知外力(包括惯性力), M_t 为作用于构件 3 上的已知阻力矩。现要求确定各个运动副中的反力及加于原动件 1 上的平衡力矩 M_b。

建立如图 4-4 所示的坐标系,标出各杆矢量及方位角;再设运动副中的反力为

$$\boldsymbol{R}_A = \boldsymbol{R}_{41} = -\boldsymbol{R}_{14} = \boldsymbol{R}_{41x} + \boldsymbol{R}_{41y}$$

$$\boldsymbol{R}_B = \boldsymbol{R}_{12} = -\boldsymbol{R}_{21} = \boldsymbol{R}_{12x} + \boldsymbol{R}_{12y}$$

$$\boldsymbol{R}_C = \boldsymbol{R}_{23} = -\boldsymbol{R}_{32} = \boldsymbol{R}_{23x} + \boldsymbol{R}_{23y}$$

$$\boldsymbol{R}_D = \boldsymbol{R}_{34} = -\boldsymbol{R}_{43} = \boldsymbol{R}_{34x} + \boldsymbol{R}_{34y}$$

分析时,先求运动副反力,再求平衡力或平衡力矩。求运动副反力时,总是从"首解运动副"开始的。所谓"首解副"是指组成该运动副的两个构件上承受的所有外力、外力矩均为已知。其他运动副中的反力可以通过首解副中的反力依次求得。在图 4-4 所示四杆机构中,运动副 C 为"首解副"。

(1)求 R_C(即 R_{23} 或者 R_{32})。取构件 3 为分离体,将各力对 D 点取矩,则有

$$\sum \boldsymbol{M}_D = 0 \quad CD \times R_{23} - M_r = 0$$

$$-l_3 R_{23x} \sin\theta_3 - l_3 R_{23y} \cos\theta_3 - M_r = 0 \tag{4-35}$$

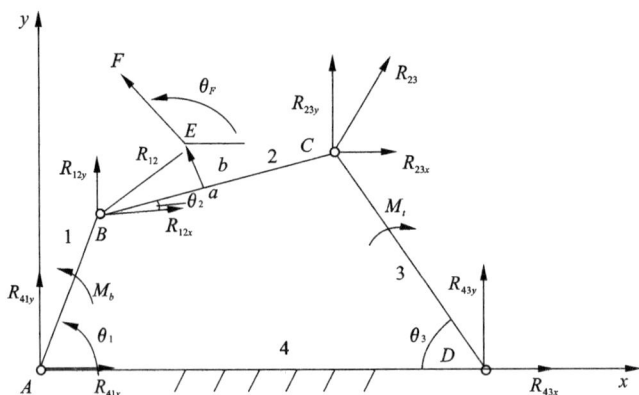

图 4 – 4

同理，取构件 2 为分离件，并将诸力对 B 点取矩，则有

$$\sum \boldsymbol{M}_B = 0 \quad BC \times R_{23} + (a+b) \times F = 0$$

$$l_2 R_{23x} \sin\theta_2 - l_2 R_{23y} \cos\theta_2 + aF\sin(\theta_2 - \theta_F) + bF\cos(\theta_2 - \theta_F) = 0 \qquad (4-36)$$

即

$$\sum F_x = 0 \quad R_{12x} = R_{23x} - F\cos\theta_F$$

$$\sum F_y = 0 \quad R_{12y} = R_{23y} - F\sin\theta_F$$

联立式(4 – 35)和式(4 – 36)并解得

$$R_{23x} = \frac{1}{\sin(\theta_2 + \theta_3)} \left\{ -\frac{M_r \cos\theta_2}{l_3} - \frac{F\cos\theta_3}{l_2} \left[a\sin(\theta_2 - \theta_F) + b\cos(\theta_2 - \theta_F) \right] \right\}$$

$$R_{23y} = \frac{1}{\sin(\theta_2 + \theta_3)} \left\{ -\frac{M_t \sin\theta_2}{l_3} + \frac{F\sin\theta_3}{l_2} \left[a\sin(\theta_2 - \theta_F) + b\cos(\theta_2 - \theta_F) \right] \right\}$$

(2)求 R_D(即 R_{34} 或者 R_{43})。根据构件 3 上诸力的平衡条件 $\sum \boldsymbol{F} = 0$，得

$$\boldsymbol{R}_{43} = -\boldsymbol{R}_{23}$$

(3)求 R_B(即 R_{12} 或者 R_{21})。根据构件 2 上诸力的平衡条件 $\sum \boldsymbol{F} = 0$，得

$$\boldsymbol{R}_{12} + \boldsymbol{R}_{32} + \boldsymbol{F} = 0$$

即

$$\sum F_x = 0 \quad R_{12x} = R_{23x} - F\cos\theta_F$$

$$\sum F_y = 0 \quad R_{12y} = R_{23y} - F\sin\theta_F$$

$$R_{12} = R_{12x} + R_{12y}$$

(4)求 R_A(即 R_{41} 或者 R_{14})。同理，根据构件 1 上的诸力的平衡条件 $\sum \boldsymbol{F} = 0$，得

$$\boldsymbol{R}_{41} = \boldsymbol{R}_{12}$$

而

$$\sum M_b = AB \cdot R_{21} = -l_1 R_{21x} \sin\theta_1 + l_1 R_{21y} \cos\theta_1$$

至此，机构的受力分析已经进行完毕。上述方法很容易推广应用于多杆机构。

56

2. 虚位移原理在直接确定平衡力和平衡力矩中的应用

应用中,若只需求出平衡力或平衡力矩,直接应用虚位移原理可省时、省力。若将惯性力或惯性力矩、平衡力或平衡力矩加在机构上后,则可以认为机构处于平衡状态,此时,就可以应用虚位移原理求解。

设 F_t 是机构上所有外力中的任意一个力; δs_t 和 v_t 是力 F_t 的作用点的虚位移和线速度; θ_t 是力 F_t 与 δs_t(或 v_t)之间的夹角; M_t 是作用在机构上的任一力矩; $\delta \theta_t$ 和 φ_t 是受 M_t 作用的构件的角位移和角速度; δW_t 为元功。根据虚位移原理可得

$$\delta W_t = \sum F_t \delta s_t \cos\theta_t + \sum M_t \delta\theta_t = 0 \qquad (4-37)$$

$$\sum (F_{tx}\delta_{xt} + F_{ty}\delta_{yt}) + \sum M_t \delta\theta_t = 0 \qquad (4-38)$$

式(4-37)和式(4-38)中只有一个平衡力或平衡力矩为未知数,故可将其求出。

式(4-37)和式(4-38)是以元功的形式表示的。若将其对时间求导,可以得到元功率形式的平衡方程

$$\sum \delta P = \sum F_t v_t \cos\theta_t + \sum M_t \varphi_t = 0 \qquad (4-39)$$

$$\sum (F_{tx} v_{xt} + F_{ty} v_{yt}) + \sum M_t \varphi_t = 0 \qquad (4-40)$$

式(4-39)和式(4-40)便于实际应用。

3. 平面四杆机构的解析法综合

用解析法设计四杆机构时,首先需要建立包含机构的各尺度参数和运动变量在内的解析关系式,然后根据已知的运动参量求解所需的机构尺度参数。

1)实现两连架杆对应位置的铰链四杆机构综合

如图 4-5 所示,要求从动件 3 与原动件 1 的转角之间满足一系列的对应位置关系,即 $\theta_{3i} = f(\theta_{1i})$, $i = 1, 2, \cdots, n$,设计此四杆机构。

该机构的运动变量为 θ_1、 θ_2、 θ_3,其中 θ_1 和 θ_3 是已知的,只有 θ_2 未知;设计参数

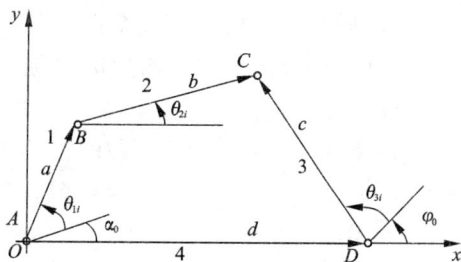

图 4-5

为各杆的长度 a, b, c, d 以及 θ_1 和 θ_3 的计量起始角 α_0、 φ_0。因为当各构件的长度按同一比例增减时,并不改变各构件的相对转角关系,故各构件的长度可用相对长度来表示,令 $a/a = 1$, $b/a = m$, $c/a = n$, $d/a = l$,则该机构的设计参数将变为 m、 n、 l、 α_0、 φ_0 共五个。

在图 4-5 中选定坐标系原点和 A 重合, D 点落在 x 轴上,标出各杆的矢量,则矢量方程式

$$\boldsymbol{AB} + \boldsymbol{BC} = \boldsymbol{OD} + \boldsymbol{DC}$$

把各矢量投影到 x 轴和 y 轴上,可得

$$a\cos(\theta_{1i} + \alpha_0) + b\cos\theta_{2i} = d + c\cos(\theta_{3i} + \varphi_0)$$
$$a\sin(\theta_{1i} + \alpha_0) + b\sin\theta_{2i} = c\sin(\theta_{3i} + \varphi_0) \qquad (4-41)$$

代入相对长度并移项,则有

$$\left.\begin{array}{l} m\cos\theta_{2i} = l + n\cos(\theta_{3i} + \varphi_0) - \cos(\theta_{1i} + \alpha_0) \\ m\sin\theta_{2i} = n\sin(\theta_{3i} + \varphi_0) - \sin(\theta_{1i} + \alpha_0) \end{array}\right\} \qquad (4-42)$$

从式(4-41)和式(4-42)中消去 θ_{2i} 可得

$$\cos(\theta_{1i}+\alpha_0)=n\cos(\theta_{3i}+\varphi_0)-\frac{n}{l}\cos(\theta_{3i}+\varphi_0-\theta_{1i}-\alpha_0)+\frac{l^2+n^2+1-m^2}{2l} \quad (4-43)$$

令 $$E_0=n,\ E_1=-\frac{n}{l},\ E_1=\frac{l^2+n^2+1-m^2}{2l}$$

则式(4-43)可化为

$$\cos(\theta_{1i}+\alpha_0)=E_0\cos(\theta_{3i}+\varphi_0)+E_1\cos(\theta_{3i}+\varphi_0-\theta_{1i}-\alpha_0)+E_2 \quad (4-44)$$

式(4-44)中含有 E_0、E_1、E_2、α_0 及 φ_0 五个待定参数，按照可解条件，方程式的总数应与待定未知数的总数相等，故四杆机构最多可按两连架杆的五个对应位置精确求解。

当两连架杆的对应位置数 $N>5$ 时，一般不能求得精确解，此时可用最小二乘法等进行近似设计。当要求的两连架杆对应位置数 $N<5$ 时，可预选某些参数。如设预选的参数数目为 N_0，则 $N_0=5-N$，这时将有无穷多解。当 $N=4$ 或 5 时，因式(4-44)中 α_0 及 φ_0 两者之一(或两者)为未知数，故该式为非线性方程组，这时可借助数值法进行求解。

2)按给定函数要求铰链四杆机构综合

设给定的函数关系为 $y=f(x)$，而四杆机构两连架杆的转角对应关系 $\psi=\psi(\varphi)$。其中，φ 为输入角位移，ψ 为输出角位移。若使输入角 φ 与给定函数的自变量 x 成比例，输出角 ψ 与函数值 y 成比例，则 φ 与 ψ 的对应关系就可以再现给定函数 $y=f(x)$。所以，首要问题是按一定比例关系把给定函数 $y=f(x)$ 转换成两连架杆对应的角位移关系 $\psi=\psi(\varphi)$。

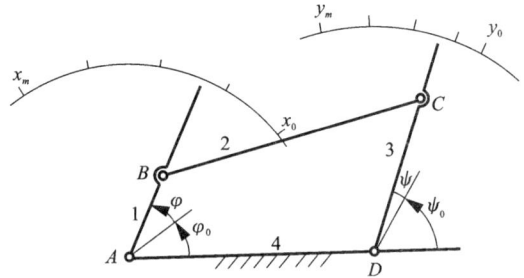

图 4-6

如图 4-6 所示，假设给定函数的自变量变化范围 $x_0\leqslant x\leqslant x_m$，对应的函数值 $y=f(x)$ 的变化范围 $y_0\leqslant y\leqslant y_m$。当 $x=x_0$，$y=y_0$ 时，与 x、y 对应的两连架杆输入角和输出角在起始点，即 $\varphi=0$，$\psi=0$；而当 $x=x_m$，$y=y_m$ 时，与之相应的两连架杆的转角为 φ_m 和 ψ_m。现把自变量 x 与输入角 φ 之间的比例系数取为 μ_φ，把函数值 y 与输出角 ψ 之间的比例系数取为 μ_ψ，则

$$\mu_\varphi=\frac{x_m-x_0}{\varphi_m-0}=\frac{x_m-x_0}{\varphi_m}=\frac{x_m-x_0}{\varphi} \quad (4-45)$$

$$\mu_\psi=\frac{y_m-y_0}{\psi_m-0}=\frac{y_m-y_0}{\psi_m}=\frac{y_m-y_0}{\psi} \quad (4-46)$$

由于给定函数 $y=f(x)$ 及自变量 x 的变化区间 (x_0,x_m) 为已知，所以只要选定 μ_φ 及 μ_ψ，就能求得两连架杆的转角为 φ_m 和 ψ_m；反之，若选定 φ_m 和 ψ_m，则可由式(4-45)和式(4-46)求得 μ_φ 及 μ_ψ。实际上常常是根据经验事先选定转角 φ_m 和 ψ_m。

由式(4-45)和式(4-46)得 $x=\mu_\varphi\varphi+x_0$，$y=\mu_\psi\psi+y_0$，把 x、y 代入 $y=f(x)$ 整理后可得

$$\psi=\frac{1}{\mu_\psi}\left[f(\mu_\varphi\varphi+x_0)-y_0\right] \quad (4-47)$$

这就是给定函数 $y=f(x)$ 时，经过比例换算要求铰链四杆机构的两连架杆来实现的对应角位移方程式，简写为 $\psi=\psi(\varphi)$。铰链四杆机构设计的任务是选定机构的各参数来实现式(4-48)。

如前所述，铰链四杆机构在实现 $\psi=\psi(\varphi)$ 运动关系时只包含五个待定参数，与其对应的

给定参数 $y = f(x)$ 也最多只能满足五个 x 值的精确函数值。现把精确点称为节点，应用函数逼近理论，这五个点的自变量 x 值可初选如下：

$$x_i = \frac{x_0 + x_m}{2} + \frac{x_0 - x_m}{2}\cos\left(\frac{2i-1}{2n}\times 180°\right) \tag{4-48}$$

式中：$i = 1,2,\cdots,n$。n 为要求精确实现的节点数目。

设计时，先确定节点数 n，由给定的 x_0、x_m 值，用式(4-48)算出节点处的 x_i 值，且算出 y_i 值；再根据选定的 φ_m 和算出 μ_φ 及 μ_ψ，通过这两个比例系数把 x_i、y_i 换算为对应的 φ_i 及 ψ_i 值。此时，问题就转化为按两连架杆对应位置设计铰链四杆机构。

4.2　用解析法进行凸轮设计

用解析法进行设计可以提高凸轮轮廓曲线的设计精度。采用解析法设计凸轮曲线分为直角坐标法和极坐标法。根据已确定的凸轮机构的结构形式、推杆运动位移函数、基圆半径 r_0 和滚子半径 r_r 等，推导出凸轮理论轮廓和实际轮廓上各点的坐标方程式，再编程计算出各点的坐标值。其设计原理是反转法。解析法的特点是从凸轮机构的一般情况入手来建立其轮廓线方程，对于具体的某种凸轮机构可看作其中的参数取特定值。如，对心直动推杆可看做是偏置直动推杆偏距 $e = 0$ 的情况；尖顶推杆可看做是滚子推杆其滚子半径为零的情况。建立凸轮廓线直角坐标方程的一般步骤为：

(1)画出基圆及推杆起始位置，即可标出滚子推杆滚子中心 B 的起始位置点 B_0，并取直角坐标系(或极坐标系)。

(2)根据反转法原理，求出推杆反转 φ 角时其滚子中心 B 点的坐标方程式，即为凸轮理论轮廓线方程式。

(3)作理论廓线在 B 点处的法线 nn，标出凸轮实际廓线上与 B' 对应的点的位置，并求出其法线倾角 θ 与 δ 的求解关系式。

(4)求出凸轮实际廓线上 B' 点的坐标方程式，即为凸轮实际廓线方程式。

4.2.1　用解析法设计凸轮的轮廓线

1.偏置直动滚子从动件盘形凸轮轮廓曲线设计

(1)建立直角坐标系，并根据反转法建立从动件尖顶的坐标方程。

如图 4-7 所示，建立过凸轮转轴中心的坐标系 xOy，图中 B_0 点为从动件推程的起始点，导路与转轴中心的距离为 e(当凸轮逆时针转动、导路右偏时，e 为正，反之 e 为负；当凸轮顺时针转动时，则与之相反)。根据反转法原理，凸轮转过的角，相当于从动件沿导路逆转其角度，滚子中心到达 B 点，位移量为 s。从图中几何关系可得 B 点的坐标为

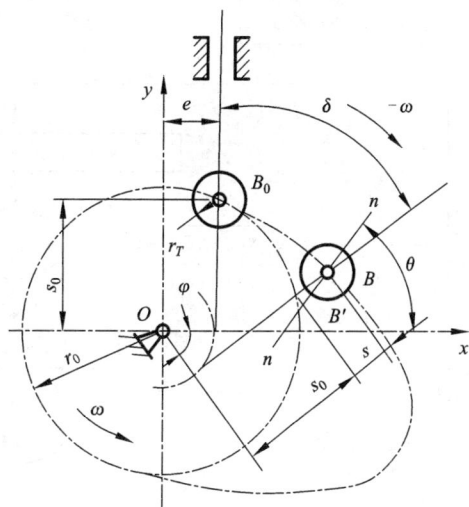
图 4-7

$$x = (s_0 + s)\sin\delta + e\cos\delta \atop y = (s_0 + s)\cos\delta - e\sin\delta \Big\} \qquad (4-49)$$

式(4-49)中 $s_0 = \sqrt{r_0^2 - e^2}$，式(4-49)为凸轮理论廓线方程。

凸轮实际廓线上任一点 $B'(x', y')$ 在凸轮理论廓线法线上与滚子中心 $B(x, y)$ 相距 r_T 处，其坐标为

$$x' = x \pm r_T\cos\theta \atop y' = y \pm r_T\sin\theta \Big\} \qquad (4-50)$$

式(4-50)中"－"号为内等距曲线，"＋"为外等距曲线。

(2)建立计算机辅助设计程序框图，如图4-8所示。

(3)计算运行程序并绘出所设计的凸轮轮廓曲线及位移线图。

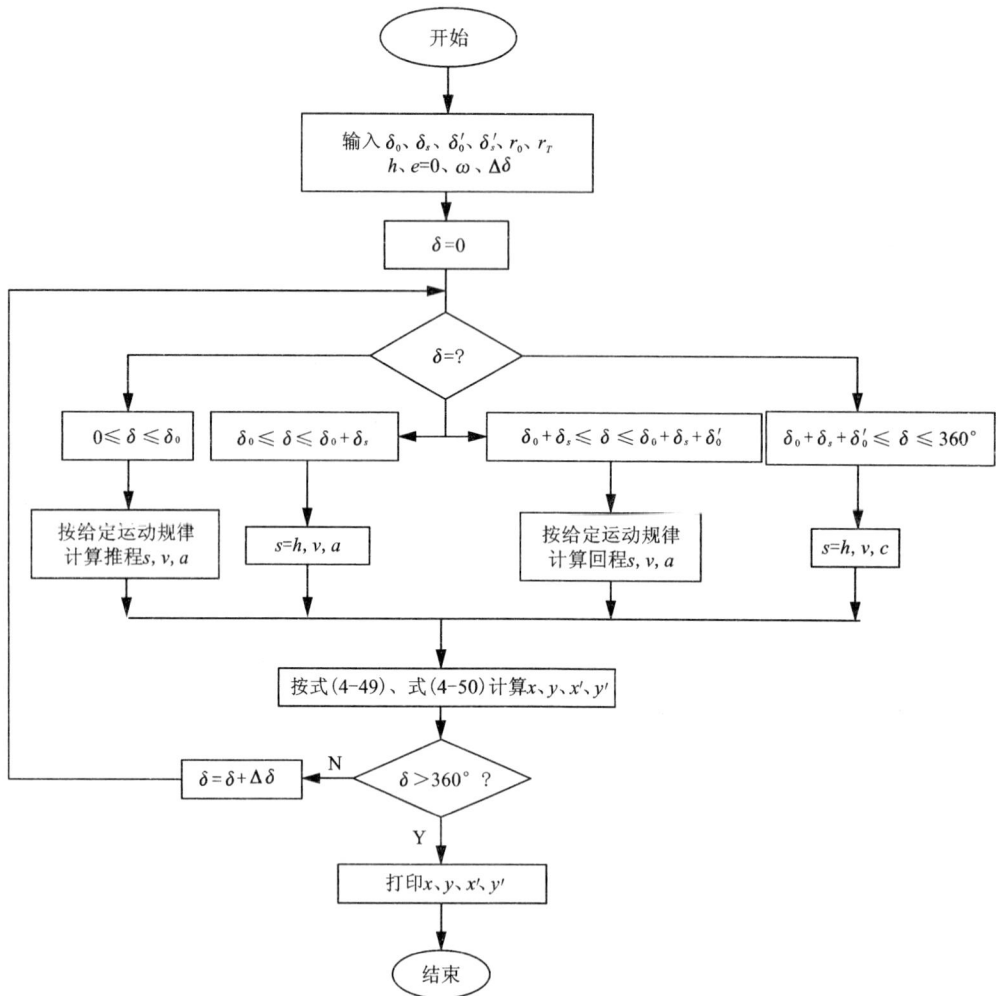

图 4-8

程序说明：s 为位移，v 是速度，a 为加速度，δ_0 为推程角，δ_s 为远休止角，δ'_0 为回程角，δ'_s 为近休止角

（4）应用实例。

一偏置直动滚子推杆盘形凸轮机构的配置如图 4 – 7 所示，已知偏距 e，基圆半径 r_0，滚子半径 r_T，推杆推程为简谐运动规律，推程 h，推程角 δ_0，远休止角 δ_s；回程为等加速等减速运动规律，回程角 δ_0'，近休止角 δ_s'。设计此凸轮的轮廓线。

（1）建立数学模型。推杆的运动规律：

当 δ 从 $0°$ 到 δ_t 时

$$s = \frac{h}{2}\left(1 - \cos\frac{\pi}{\delta_0}\delta\right)$$

$$v = \frac{\mathrm{d}s}{\mathrm{d}\delta} = \frac{\pi h \omega}{2\delta_0}\sin\frac{\pi}{\delta_0}\delta$$

$$a = \frac{\pi^2 h \omega^2}{2\delta_0^2}\cos\frac{\pi}{\delta_0}\delta$$

当 δ 从 δ_0 到 $\delta_0 + \delta_s$ 时

$$s = h,\ v = \frac{\mathrm{d}s}{\mathrm{d}\delta} = 0$$

当 δ 从 $\delta_0 + \delta_s$ 到 $\delta_0 + \delta_s + \dfrac{\delta_0'}{2}$ 时

$$s = h - \frac{2h}{\delta_0'^2}(\delta - \delta_0 - \delta_s)^2$$

$$v = \frac{4h}{\delta_0'^2}(\delta - \delta_0 - \delta_s)$$

当 δ 从 $\delta_0 + \delta_s + \dfrac{\delta_0'}{2}$ 到 $\delta_0 + \delta_s + \delta_0'$ 时，

$$s = \frac{2h}{\delta_0'^2}(\delta_0 + \delta_s + \delta_0' - \delta)^2$$

$$v = -\frac{4h}{\delta_0'^2}(\delta_0 + \delta_s + \delta_0' - \delta)$$

当 δ 从 $\delta_0 + \delta_s + \delta_0'$ 到 $360°$ 时

$$s = 0,\ v = \frac{\mathrm{d}s}{\mathrm{d}\delta} = 0$$

其理论轮廓线按式（4 – 49）计算，实际轮廓线按式（4 – 50）计算。

（2）程序框图如图 4 – 8 所示。

例：一偏置直动滚子从动件盘形凸轮机构的配置如图 4 – 7 所示，已知偏心距 $e = 10$ mm，基圆半径 $r_0 = 40$ mm，滚子半径 $r_T = 10$ mm，从动件的行程 $h = 20$ mm，从动件的运动规律如下：$\delta_0 = 150°$，$\delta_s = 30°$，$\delta_0' = 120°$，$\delta_s' = 60°$，从动件推程以简谐运动规律上升，回程以等加速等减速运动规律返回原处。

$\%e$ 为偏心距，r_0 为基圆半径，h 为从动件行程，ris 为升程角，jdy 为远休止角，ret 为回程角，jdj 为近休止角

```
Function f = diskcam(e, r0, rt, h, ris, jdy, ret, jdj)
e = 10; h = 20; ris = 150; jdy = 30; ret = 120; jdj = 60; r0 = 40; rt = 10
```

```matlab
JZ = 0 : 1 : 360
jd = 1 : 1 : ris
s = h/2 * (1 - cos(pi * jd/ris))                                    % 计算升程位移
J(1, jd) = s
ds = 1/2 * h * sin(pi * jd/ris) * pi/ris
JZ(1, jd) = ds
jd = ris : 1 : ris + jdy                                            % 计算远休止角
s = h
J(1, jd) = s
ds = 0
JZ(1, jd) = ds
jd = jdy + ris : 1 : jdy + ris + ret/2
s = h - 2 * h * (jd - ris - jdy). * (jd - ris - jdy)/ret/ret        % 回程减速位移
J(1, jd) = s
ds = -4 * h * (jd - ris - jdy)/ret^2
JZ(1, jd) = ds
jd = jdy + ris + ret/2 : 1 : jdy + ris + ret
s = 2 * h * (ris + jdy + ret - jd). * (ris + jdy + ret - jd)/ret/ret   % 回程加速位移
J(1, jd) = s
ds = -4 * h * (ris + jdy + ret - jd)/ret^2
JZ(1, jd) = ds
jd = jdy + ris + ret : 1 : jdy + ris + ret + jdj                    % 近休止角
s = 0
J(1, jd) = s
ds = 0
JZ(1, jd) = ds
jd = 1 : 1 : 360
ds = JZ(1, jd)                                                      % 计算理论轮廓坐标
s = J(1, jd)
x = (sqrt(r0^2 - e^2) + s). * sin(jd * pi/180) + e * cos(jd * pi/180)
y = (sqrt(r0^2 - e^2) + s). * cos(jd * pi/180) + e * sin(jd * pi/180)
A = (ds - e). * sin(jd * pi/180) + (sqrt(r0^2 - e^2) + s). * cos(jd * pi/180)
B = (ds - e). * cos(jd * pi/180) - (sqrt(r0^2 - e^2) + s). * sin(jd * pi/180)
X = x + rt * B/sqrt(A. * A + B. * B)                                % 计算实际坐标
Y = y - rt * A/sqrt(A. * A + B. * B)
figure(1)                                                          % 画位移线图
plot(jd, s)
grid on
```

figure(2)　　　　　　　　　　　　　　　　　　　% 画凸轮轮廓

plot(X，Y)

grid on

运行该程序，输出凸轮轮廓线图及凸轮机构从动件位移线图，如下图。

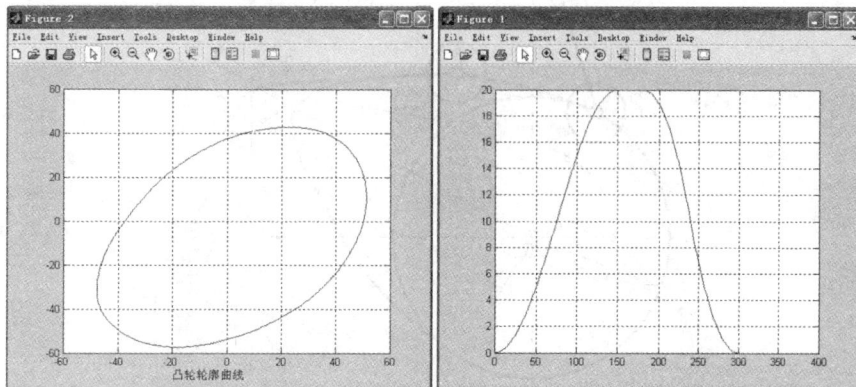

2. 对心平底推杆盘形凸轮的轮廓设计

如图 4 - 9 所示，选取以凸轮的回转中心为坐标原点、y 轴与推杆初始位置的导路重合的直角坐标系。在初始位置，推杆的平底与凸轮廓线的起始点切于 B_0 点。当凸轮由初始位置反转角 δ 时，推杆位移为 s，推杆与凸轮在 B 点相切；又由瞬心知识可知，此时凸轮与推杆的相对瞬心在 P 点，故知推杆的速度为

$$v = v_p = \omega\,\overline{OP} \qquad \overline{OP} = \frac{v}{\omega} = \frac{\mathrm{d}s}{\mathrm{d}\delta}$$

而由图 4 - 9 可知，B 点的坐标为

$$\left.\begin{array}{l} x = (r_0 + s)\sin\delta + \cos\delta\,\dfrac{\mathrm{d}s}{\mathrm{d}\delta} \\[2mm] y = (r_0 + s)\cos\delta - \sin\delta\,\dfrac{\mathrm{d}s}{\mathrm{d}\delta} \end{array}\right\} \qquad (4-51)$$

这就是凸轮轮廓线的实际方程。

3. 摆动滚子推杆盘形凸轮

如图 4 - 10 所示为一凸轮的转向(逆时针)与摆动推杆升程的转向(顺时针)相反的摆动盘形凸轮机构。选取以凸轮的回转中心为原点、y 轴与两中心(凸轮转动中心与摆杆的摆动中心)连线重合的直角坐标系。A_0B_0

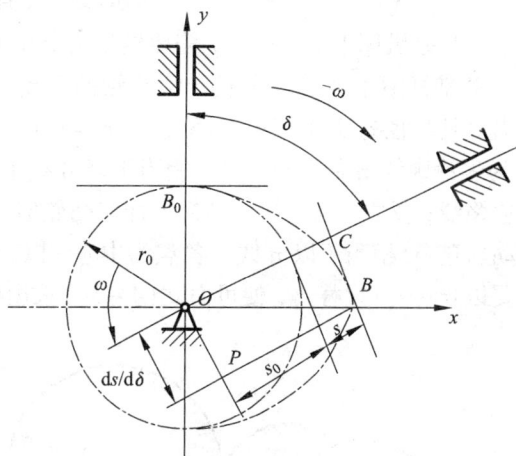

图 4 - 9

为摆杆的初始位置，它与中心线 A_0O 的夹角为 φ_0，称作初始角。当反转角 δ 后，摆杆处于 AB 位置，其角位移为 φ；则理论轮廓曲线上 B 点的坐标

$$\left.\begin{array}{l} x = a\sin\delta - l\sin(\delta + \varphi + \varphi_0) \\ y = a\cos\delta - l\cos(\delta + \varphi + \varphi_0) \end{array}\right\} \qquad (4-52)$$

式(4 - 52)即为凸轮理论廓线的方程式，凸轮实际廓线的方程式同式(4 - 50)。

63

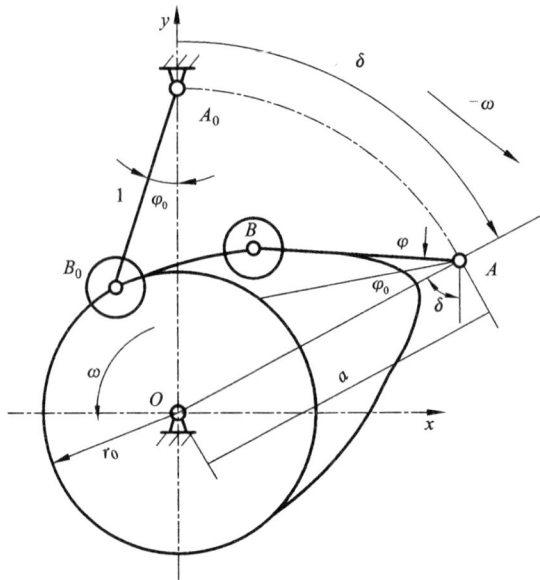

图 4 -10

若凸轮的转向与摆杆升程的摆动方向相同, 则凸轮理论廓线上各点的坐标由下两式求得

$$\left.\begin{array}{l} x = a\sin\delta + l\sin(\varphi + \varphi_0 - \delta) \\ y = a\cos\delta - l\cos(\varphi + \varphi_0 - \delta) \end{array}\right\} \qquad (4-53)$$

在数控机床上加工凸轮, 需要给出刀具中心运动轨迹的方程式。若刀具(铣刀或砂轮)半径 r_c 和推杆滚子半径 r_T 相同, 则凸轮的理论廓线方程式即为刀具中心运动轨迹的方程式。但当刀具半径 r_c 大于滚子半径 r_T 时($r_c > r_T$), 如图 4 -11(a)所示, 这时刀具中心的运动轨迹 η_c 为理论廓线 η 的等距曲线, 相当于以 η 线上各点为中心、以 $r_c - r_T$ 为半径所作一系列圆的外包络线; 反之, 当在线切割机上加工凸轮时, $r_c < r_T$, 如图 4 -11(b)所示, 这时刀具中心的运动轨迹 η_c 相当于以 η 线上各点为中心、以 $r_c - r_T$ 为半径所作一系列圆的内包络线。所以, 只要以 $|r_c - r_T|$ 代替 r_T, 便可由式(4 -50)求出外包络线(即刀具中心线)的方程式。

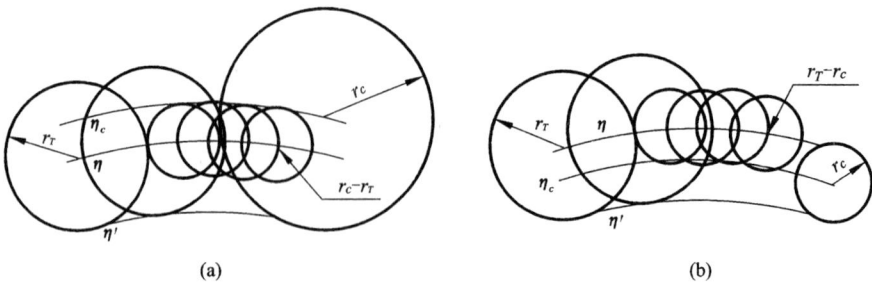

(a)   (b)

图 4 -11

64

4.2.2　用解析法确定凸轮机构的基本尺寸

1. 按许用压力角确定凸轮基圆半径

图 4-12 为一偏置直动尖顶推杆盘形凸轮机构。P 为瞬心，故

$$v_p = v = \omega \, \overline{OP}$$

所以，有

$$\overline{OP} = v/\omega = \frac{ds}{dt} \Big/ \frac{d\delta}{dt} = ds/d\delta$$

$$\tan\alpha = \frac{\overline{OP} \pm e}{s + s_0} = \frac{\dfrac{v}{\omega} \pm e}{s + \sqrt{r_0^2 - e^2}} = \frac{|ds/d\delta| \pm e}{s + \sqrt{r_0^2 - e^2}}$$

故

$$\alpha = \arctan \frac{\left| \left| \dfrac{ds}{d\delta} \right| \pm e \right|}{s + \sqrt{r_0^2 - e^2}} \qquad (4-54)$$

$$r_0 = \sqrt{\left(\frac{ds/d\delta \pm e}{\tan[\alpha]} - s \right)^2 + e^2} \qquad (4-55)$$

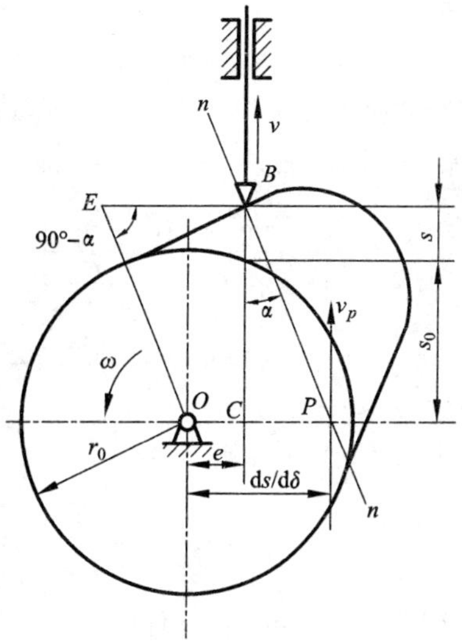

图 4-12

式中"±"表示推杆偏置方向不同。由式(4-54)知：基圆半径越小，凸轮机构压力角越大。此外，偏心距 e 的方向选择也影响压力角的大小。从传力的角度来考虑压力角越小越好，但这样会增大基圆半径，从而使凸轮机构尺寸加大，所以凸轮机构压力角过大和过小都不好。一般情况下最大压力角应小于或等于许用压力角 $[\alpha]$ 来保证传动。由(4-55)可知：

在偏距 e 一定、推杆的运动规律已知的条件下，加大基圆半径 r_0，可减小压力角 α，进而改善机构的传力特性；凸轮的基圆半径愈小，凸轮尺寸则愈小，凸轮机构愈紧凑。然而，基圆半径的减小受到了压力角的限制，而且在实际设计中，还要受到凸轮结构尺寸及强度条件的限制。因此，在实际设计工作中，基圆半径的确定必须从凸轮机构的尺寸、受力、安装、强度等方面予以综合考虑。但仅从机构尺寸紧凑和改善受力的观点来看，基圆半径 r_0 确定的原则是：在保证 $\alpha_{\max} \leqslant [\alpha]$ 的条件下，应使基圆半径尽可能小。应用解析法利用计算机编程可保证 $\alpha_{\max} \leqslant [\alpha]$ 的条件下获得最小基圆半径 $r_{0\min}$，其步骤如下：

1）先初选定较小基圆半径 r_0；

2）按一定步长，一般以凸轮转 1° 为一步长，由式(4-54)计算出一个运动循环中各点的压力角 α_k；

3）从 α_k 中分别选出最大推程压力角 $\alpha_{\max}$ 和最大回程压力角 $\alpha'_{\max}$；

4）将最大压力角与许用压力角进行比较，如果 $\alpha_{\max} > [\alpha]$ 或 $\alpha'_{\max} < [\alpha]$，则 $r_0 = r_0 + \Delta r$，再进行 2）、3）两步。重复上述步骤，直到 $\alpha_{\max} < [\alpha]$ 和 $\alpha'_{\max} < [\alpha]$ 为止；

5）如果 $\alpha_{\max} < ([\alpha] - \Delta\alpha)$，则令 $r_0 = r_0 - m\Delta r_0$，$(0 < m < 1)$，再执行 2）、3）直到 $[\alpha] - \Delta\alpha < \alpha_{\max} \leqslant [\alpha]$ 时，即可输出 $r_0 = r_{0\min}$。

上述运算中 Δr_0、m 和 $\Delta\alpha$ 应根据试算过程和凸轮机构工作场合和要求合理选取。

2. 按轮廓曲线全部外凸的条件确定平底从动件盘形凸轮机构凸轮的基圆半径，即保证凸轮的轮廓在任一点都是外凸的

1)基圆的半径与轮廓曲率半径的关系

将机构高副低代，A 为接触点处的曲率中心，可得运动关系：

$$\boldsymbol{a}_2 = \boldsymbol{a}_{B_2} = \boldsymbol{a}_{B_3} + \boldsymbol{a}_{B_2B_3} = \boldsymbol{a}_A + \boldsymbol{a}_{B_2B_3}$$

故可作加速度多边形，如图 4－13（a）所示。

由作图知 $\triangle \pi a' b'_2 \backsim \triangle AOF$，故有

$$\frac{L_{AF}}{L_{AO}} = \frac{\overline{\pi b'_2}}{\overline{\pi a'}} = \frac{a_2}{a_A} = \frac{\mathrm{d}^2 s/\mathrm{d}t^2}{L_{OA}\omega^2} = \frac{\mathrm{d}^2 s/\mathrm{d}\varphi^2}{L_{OA}}$$

$$\omega^2 = \left(\frac{\mathrm{d}\varphi}{\mathrm{d}t}\right)^2 \quad 即 \quad L_{AF} = \frac{\mathrm{d}^2 s}{\mathrm{d}\varphi^2}$$

由图 4－13（b）知 $\quad \rho = \dfrac{\mathrm{d}^2 s}{\mathrm{d}\varphi^2} + r_0 + s$

故 $\qquad r_0 \geqslant \rho_{\min} - \left(\dfrac{\mathrm{d}^2 s}{\mathrm{d}\varphi^2} + s\right)_{\min}$ $\qquad$ （4－56）

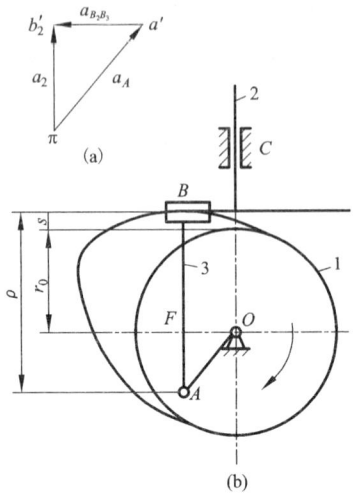

图 4－13

2）平底宽度的确定（如图 4－14 所示）

$$\overline{OP} = \frac{v}{\omega} = \frac{\mathrm{d}s}{\mathrm{d}\varphi} = \overline{BT} \quad 故 \quad L_{\max} = \left|\frac{\mathrm{d}s}{\mathrm{d}\varphi}\right|_{\max}$$

$$L = 2L_{\max} + (5 \sim 7) \quad （\mathrm{mm}） = 2\left|\frac{\mathrm{d}s}{\mathrm{d}\varphi}\right|_{\max} + (5 \sim 7) \quad （\mathrm{mm}） \qquad （4－57）$$

3. 滚子半径的选择

滚子从动件凸轮的实际轮廓曲线，是以理论轮廓曲线各点为圆心作一系列圆的包络线而形成，滚子半径选择不当则无法作出正确的实际轮廓曲线。

1）内凹曲线

$$\rho'_{\min} = \rho_{\min} + r_T \qquad （4－58）$$

式中：$\rho'_{\min}$——实际曲率半径；

$\rho_{\min}$——理论曲率半径；

r_T——滚子半径。

当凸轮轮廓为内凹曲线时无论滚子半径 r_T 大小如何总能作出实际轮廓曲线。

2）外凸曲线

当凸轮廓线为外凸时，$\rho'_{\min} = \rho_{\min} - r_T$，

$\begin{cases} \rho_{\min} = r_T, & \rho'_{\min} = 0,\ 凸轮实际廓线变尖； \\ \rho_{\min} < r_T, & \rho'_{\min} < 0,\ 凸轮实际廓线交叉，运动规律失真； \\ \rho_{\min} > r_T, & \rho'_{\min} > 0,\ 凸轮实际廓线光滑。 \end{cases}$

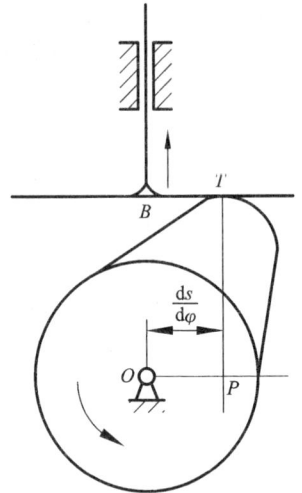

图 4－14

所以，当凸轮廓线为外凸时，如图 4－15 所示，为避免凸轮实际轮廓线出现变尖和交叉的情况，要求 $r_T < \rho_{\min}$。一般情况下可按式（4－59）取

$$r_T \leqslant 0.8\rho_{\min} \qquad （4－59）$$

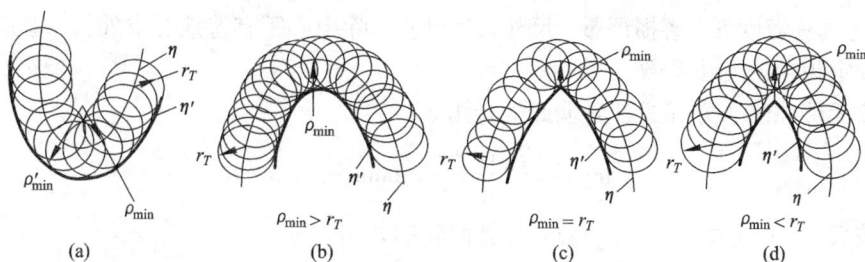

图 4 – 15

4.3　用解析法进行齿轮设计

齿轮传动的整体设计包括强度设计、几何设计、结构设计及精度设计等。齿轮传动的几何设计问题即渐开线圆柱齿轮的轮齿部分几何尺寸计算及性能分析。鉴于渐开线非变位齿轮或直齿圆柱齿轮属于渐开线变位斜齿圆柱齿轮的轮齿特例，仅需使公式中的变位系数 x 和螺旋角 β 分别为零即可，本节重点讨论渐开线变位斜齿圆柱齿轮设计问题。

4.3.1　齿轮机构几何设计要求及其设计步骤

1. 齿轮机构几何设计的要求

（1）在给定的条件下，以满足一定的传动质量指标为目的进行齿轮机构的几何计算。

（2）在已计算的前提下，能以几何图形表示出所设计的一对齿轮的轮齿啮合情况，即绘制对齿轮的轮齿啮合图。

对于齿轮机构的设计问题，按给定的数据不同，常分以下三种类型：①非限定中心距的设计；②限定中心距的设计；③给定传动比而又限定中心距的设计。

第一类设计问题：非限定中心距的设计。这类问题的已知参数是：两轮的齿数 z_1、z_2，模数 m_n，压力角 α，齿顶高系数 h^* 及螺旋角 β。

第二类设计问题：限定中心距的设计。这类问题的已知参数是：两轮的齿数 z_1、z_2，模数 m_n，压力角 α，齿顶高系数 h^*，传动中心距 a 及螺旋角 β。在设计齿轮变速箱或系列齿轮减速机时，中心距常常是被限定的。

第三类设计问题：给定传动比而又限定中心距的设计。这类问题与第二类设计问题相似，给定传动比而未给出齿数。已知参数是：传动比 i，模数 m_n，压力角 α，齿顶高系数 h^* 及传动中心距 a。

2. 齿轮机构设计问题的基本步骤

1）对于第一类设计问题的设计步骤

（1）选择传动类型。按一对齿轮变位系数之和 $x_{t1} + x_{t2}$ 的值大于零、等于零和小于零的不同情况，变位齿轮传动分别称为正传动、零传动和负传动。

正传动具有强度高、磨损小且机构尺寸紧凑等优点，应该优先选用。当 $z_1 + z_2 < 2z_{min}$ 时，为防止齿轮发生根切，则必须选用正传动。

对于希望采用标准中心距的直齿圆柱齿轮传动，只要满足 $z_1 + z_2 \geqslant 2z_{min}$ 的条件，常采用等移距变位传动。若希望有良好的互换性，z_1、z_2 均又大于 z_{min}，则优先选用标准齿轮传动。

负传动具有强度低、磨损严重、尺寸大等缺点，除中心距有特殊要求外，一般避免采用。

（2）确定齿轮的变位系数。

（3）按无侧隙啮合方程式计算端面啮合角 α_t'：

$$\mathrm{inv}\alpha_t' = \frac{2(x_{t1} + x_{t2})}{z_1 + z_2}\tan\alpha_t + \mathrm{inv}\alpha_t \qquad (4-60)$$

（4）按表 4-1 或表 4-2 所列公式计算两轮的几何尺寸。

（5）验算齿轮传动的限制条件。

2）对于第二类设计问题的设计步骤

（1）按给定实际中心距 a 计算啮合角 α_t'：

$$\cos\alpha_t' = \frac{a}{a'}\cos\alpha_t \qquad (4-61)$$

（2）计算两轮变位系数和，并作适当分配：

$$x_{t1} + x_{t2} = \frac{z_1 + z_2}{2\tan\alpha_t}(\mathrm{inv}\alpha_t' - \mathrm{inv}\alpha_t) \qquad (4-62)$$

变位系数分配按照对传动的要求进行，例如，等滑动系数、等弯曲强度要求等。在一般情况下，小齿轮的变位系数应大于大齿轮的变位系数。

（3）由表 4-1 和表 4-2 所列公式计算两轮的几何尺寸。

（4）验算齿轮传动的限制条件。

3）对于第三类设计问题的设计步骤

（1）按给定的传动比 i 确定两轮的齿数。利用直齿轮的计算公式：

$$z_1 \approx \frac{2a}{m_n(i+1)}; \; z_2 = iz_1 \qquad (4-63)$$

求得 z_1、z_2，再将 z_1、z_2 圆整，圆整时应取齿数比 $u = z_2/z_1$ 给定传动比 i 误差较小的一对齿数方案。

（2）此后的步骤与限定中心距的设计步骤相同。

4.3.2 渐开线标准直齿圆柱齿轮设计

作为标准直齿圆柱齿轮，其设计问题和步骤如前节所述，不需确定变位系数 x 和螺旋角 $\beta(x=0, \beta=0)$，几何设计公式见表 4-1。

表 4-1 渐开线标准直齿圆柱齿轮主要几何尺寸的计算公式

名称	符号	计算公式	
		小齿轮	大齿轮
模数	m	选取标准值	
压力角	α	选取标准值	
分度圆直径	d	$d_1 = mz_1$	$d_2 = mz_2$
齿高	h	$h = (2h_a^* + c^*)m$	
齿顶圆直径	d_a	$d_{a1} = (z_1 + 2h_a^*)m$	$d_{a2} = (z_2 + 2h_a^*)m$
齿根圆直径	d_f	$d_{f1} = (z_1 - 2h_a^* - 2c^*)m$	$d_{f2} = (z_2 - 2h_a^* - 2c^*)m$

续表 4 – 1

名称	符号	计算公式	
		小齿轮	大齿轮
基圆直径	d_b	$d_{b1} = d_1 \cos\alpha = mz_1 \cos a$	$d_{b1} = d_1 \cos\alpha = mz_1 \cos a$
节圆直径	d'	标准安装时 $d' = d$	
齿距	p	$p = \pi m$	
齿厚	s	$s = \dfrac{\pi m}{2}$	
齿槽宽	e	$e = \dfrac{\pi m}{2}$	
顶隙	c	$c = c^* m$	
重合度	ε	$\varepsilon = \dfrac{1}{2\pi}\left[z_1(\tan\alpha_{a1} - \tan\alpha') + z_2(\tan\alpha_{a2} - \tan\alpha') \right]$	
基圆直径	d_b	$d_b = z\cos a \cdot m$	
标准中心距	a	$a = \dfrac{1}{2}(d_1 + d_2) = \dfrac{(z_1 + z_2)}{2} \cdot m$	

4.3.3　渐开线标准斜齿圆柱齿轮设计

渐开线斜齿圆柱齿轮的主要传动参数及其相关几何尺寸公式见表 4 – 2。

表 4 – 2　标准斜齿圆柱齿轮传动的参数和几何尺寸计算

端面模数	m_t	$m_t = \dfrac{m_n}{\cos\beta}$，$m_n$ 为标准值
螺旋角	β	$\beta = 8° \sim 20°$
端面压力角	α_t	$\alpha_t = \arctan\dfrac{\tan\alpha_n}{\cos\beta}$，$\alpha_n$ 为标准值
分度圆直径	d_1，d_2	$d_1 = m_t z_1 = \dfrac{m_n z_1}{\cos\beta}$，$d_2 = m_t z_2 = \dfrac{m_n z_2}{\cos\beta}$
齿顶高	h_a	$h_a = m_n$
齿根高	h_f	$h_f = 1.25 m_n$
全齿高	h	$h = h_a + h_f = 2.25 m_n$
顶隙	c	$c = h_f - h_a = 0.25 m_n$
齿高系数		$h_{at}^* = h_{an}^* \cos\beta$

变位系数		$x_t = x_n \cos\beta$
顶隙系数		$c_t^* = c_n^* \cos\beta$
齿顶圆直径	d_{a1}, d_{a2}	$d_{a1} = d_1 + 2h_a \qquad d_{a2} = d_2 + 2h_a$
齿根圆直径	d_{f1}, d_{f2}	$d_{f1} = d_1 - 2h_f \qquad d_{f2} = d_2 - 2h_f$
节圆直径	d_t	$d_t = d_t \dfrac{\cos\alpha}{2\cos\alpha'}$
分度圆齿距	p_t	$p_t = \pi m_t$
分度圆弧齿厚	s	$s = (\pi/2 + 2x_t \tan\alpha_t) m_t$
中心距	a	$a = \dfrac{d_1 + d_2}{2} = \dfrac{m_t}{2}(z_1 + z_2) = \dfrac{m_n(z_1 + z_2)}{2\cos\beta}$
公法线跨测齿数	K	$K = 1/\pi(z_v'\alpha_n + 2x_n/\tan\alpha_n) + 1.0$ (舍小数) $z_v' = \mathrm{inv}\alpha_t / \mathrm{inv}\alpha_t \cdot z$ (假想齿数)
公法线长度	W	$W = m_n\cos\alpha_n [\pi(K-0.5)zmv\alpha_t] + 2x_n$

4.3.4 变位齿轮设计中变位系数的选择

1. 变位系数的选择原则

变位齿轮传动的优点能否充分发挥,在很大程度上取决于变位系数的选择是否合理。根据齿轮传动的不同工况,选择变位系数应遵循以下原则:

1)最高接触强度原则

对于润滑良好的闭式齿轮传动,其齿面为软齿面(硬度 < 350 HBS),齿面接触强度比较低。因此,在许可范围内采用大的变位系数和($x_\Sigma = x_1 + x_2$),以增大综合曲率半径,降低齿面接触应力,提高接触强度。

2)等弯曲强度原则

闭式齿轮传动的轮齿若为硬齿面(≥350 HBS),其破坏的主要形式是弯曲疲劳折断。选择变位系数时应力求提高弯曲强度较低的齿轮的齿根厚度,使得两轮齿根弯曲强度趋于相等。

3)等滑动系数原则

开式齿轮传动中齿面磨损严重,高速、重载齿轮传动中齿面易产生胶合破坏。因此,变位系数应使齿轮获得较小的齿面滑动,并使两轮根部的滑动系数相等。

4)最好平稳性原则

对于高速传动、重载传动或精密传动(仪器仪表),要求齿轮啮合平稳或精确。因此,选变位系数应使重合度 ε_α 获得尽可能大的值。

2. 选择变位系数的限制条件

根据不同的工作条件和工作要求,按照不同原则选择变位系数时,应受到如下条件的限制。

1）齿轮根切对变位系数的限制

当齿数 $z \leqslant z_{\min}$ 的标准齿轮将发生根切。对于直齿轮和斜齿轮，用齿条形刀具加工标准齿轮不产生根切的最小齿数 $z_{\min}$ 分别为

直齿

$$z_{\min} = \frac{2h_a^*}{\sin^2 \alpha} \qquad\qquad (4-64)$$

斜齿

$$z_{\min} = \frac{2h_{an}^* \cos\beta}{\sin^2 \alpha_t} \qquad\qquad (4-65)$$

式中：h_{an}^*、β 和 α_t——斜齿轮的法面齿顶高系数、分度圆柱上的螺旋角和端面压力角。

当切制变位量不够大的正变位齿轮（当 $z < z_{\min}$）和变位量过大的负变位齿轮（当 $z > z_{\min}$）时也会发生根切。这种不使变位齿轮产生根切的变位系数的最小值称为最小变位系数，以 $x_{\min}$ 表示，即

$$x_{\min} = \frac{h_a^*(z_{\min} - z)}{z_{\min}} \qquad\qquad (4-66)$$

$$x \geqslant h_a^* - \frac{z}{2}\sin^2 \alpha \qquad\qquad (4-67)$$

应使

$$x \geqslant x_{\min} \qquad\qquad (4-68)$$

2）齿轮齿顶变尖对变位齿轮的限制

随着变位系数 x 的增大，齿形会逐渐变尖。为了保证齿顶的强度，要求齿顶 $s_a \geqslant (0.25 \sim 0.4)m$，齿轮材料组织均匀的取下限，齿面经硬化处理的取上限。如果不满足这一条件时，应适当地减小变位系数，重新进行设计。齿顶厚

$$s_d = s\frac{r_a}{r} - 2r_a(\mathrm{inv}a_a - \mathrm{inv}a) \qquad\qquad (4-69)$$

式中：r——分度圆半径；

　　a——分度圆上的压力角，一般 $\alpha = 20°$。

分度圆上的齿厚：

$$s = \frac{\pi m}{2} + 2xm\tan\alpha \qquad\qquad (4-70)$$

3）重合度对变位系数的限制

齿轮的重合度 ε 随着变位系数的增大而减小。选样变位系数时，应保证齿轮传动的重合度大于等于许用重合度 $[\varepsilon]$。设 ε_α 为端面重合度，ε_β 为斜齿轮的轴面重合度，则对于直齿圆柱齿轮传动，一般应使 $\varepsilon = \varepsilon_\alpha \geqslant 1.2$；对于斜齿圆柱齿轮传动，一般应使 $\varepsilon = \varepsilon_\alpha + \varepsilon_\beta \geqslant 2$。$\varepsilon_\alpha$ 的计算公式为

$$\left.\begin{aligned}
\varepsilon_\alpha &= \frac{1}{2\pi}\left[z_1(\tan\alpha_{a1} - \tan\alpha') + z_2(\tan\alpha_{a2} - \tan\alpha')\right] \\
\alpha_{a1} &= \arccos(r_{b1}/r_{a1}) \\
\alpha_{a2} &= \arccos(r_{b2}/r_{a2})
\end{aligned}\right\} \qquad (4-71)$$

式中：α'——啮合角。

若为斜齿轮，求端面重合度 ε_α 时应将其端面参数带入式（4-71）。斜齿轮的轴面重合度

$$\varepsilon_\beta = B\sin\beta/(\pi m_n) \tag{4-72}$$

式中：B——斜齿轮齿宽；

$\quad\quad\beta$——斜齿轮分度圆柱上的螺旋角；

$\quad\quad m_n$——斜齿轮法面模数。

4）过渡曲线不发生干涉限制

一对齿轮啮合传动，当一齿轮的齿顶与另一齿轮根部的过渡曲线接触时，不能保证其传动比为常数，此情况称为过渡曲线干涉。为避免这种过渡曲线干涉，必须保证齿轮的工作齿廓的边界点不得超过齿廓上的渐开线的起始点。

用齿条型刀具加工的齿轮，小齿轮齿根和大齿轮不发生干涉的条件为：

小齿轮

$$\tan\alpha' - \frac{z_2}{z_1}(\tan\alpha_{s2} - \tan\alpha') \geqslant \tan\alpha - \frac{4(h_s^* - x_1)}{z_1\sin2\alpha} \tag{4-73}$$

大齿轮

$$\tan\alpha' - \frac{z_1}{z_2}(\tan\alpha_{s1} - \tan\alpha') \geqslant \tan\alpha - \frac{4(h_s^* - x_1)}{z_2\sin2\alpha} \tag{4-74}$$

式中：α——分度圆压力角；

$\quad\quad\alpha'$——啮合角；

$\quad\quad\alpha_{s1}$，α_{s2}——是两个齿轮的齿顶圆压力角。

常用变位齿轮传动计算公式见表4-3。

表4-3　变位齿轮传动计算公式

名称	符号	等移位变位齿轮	不等移位变位齿轮
变位系数	x	$x_1 + x_2 = 0$	$x_1 + x_2 \neq 0$
节圆直径	d'	$d_1' = d_1 = z_1 m$ $d_2' = d_2 = z_2 m$	$d_1' = d_1 \dfrac{\cos\alpha}{\cos\alpha'}$ $d_2' = d_2 \dfrac{\cos\alpha}{\cos\alpha'}$
啮合角	α'	$\alpha' = \alpha$	$\cos\alpha' = \dfrac{\alpha}{\alpha'}\cos\alpha$
齿根圆直径	d_f	$d_{f1} = (z_1 - 2h_a^* - 2c^* + 2x_1)m$ $d_{f2} = (z_2 - 2h_a^* - 2c^* + 2x_2)m$	
齿顶圆直径	d_a	$d_{a1} = (z_1 + 2h_a^* + 2x_1)m$ $d_{a2} = (z_2 + 2h_a^* + 2x_2)m$	$d_{a1} = a' - d_{f2} - c^* m$ $d_{a2} = a' - d_{f1} - c^* m$
中心距	a	$a = \dfrac{1}{2}(d_1 + d_2)$	$a = \dfrac{1}{2}(d_1' + d_2')$

3. 选择齿轮变位系数的方法

工程上常用的变位系数选择方法有图表法、封闭图法和计算机编程计算法等。下面简单介绍一下计算机编程计算法选择齿轮的变位系数。

通过计算机编程计算，可得到需要的变位系数。其优点是精确度高，程序一旦调试通

过，选择变位系数的速度快，改变参数也很方便。缺点是从建立数学模型、设计框图、编制程序到上机调试通过，需要的工作量比其他方法大。此外，变位系数的选择还受到许多传动质量的限制，在设计程序时应考虑到这些问题。现以按照抗胶合及抗磨损最有利选择变位系数为例说明其过程。

1）建立数学模型

根据抗胶合和抗磨损最有利的质量指标选择变位系数的问题，一般认为应使啮合齿在开始啮合时主动齿轮齿根处的滑动系数 η_1 与啮合终了时从动齿轮齿根处的滑动系数 η_2 相等，即

$$\eta_1 = \eta_2 \tag{4-75}$$

根据滑动系数是滑动弧与齿廓所走过弧长之比的极限的概念，以及一对齿轮开始啮合点是主动轮的齿根和从动轮齿顶相接触、啮合终了时是主动轮的齿顶和从动轮的齿根相接触，经适当推导可得 η_1 和 η_2 的计算公式分别为

$$\eta_1 = \frac{\tan\alpha_{a_2} - \tan\alpha'}{(1 + z_1/z_2)\tan\alpha' - \tan\alpha_{a_2}}(1 + z_1/z_2) \tag{4-76}$$

$$\eta_2 = \frac{\tan\alpha_{a_1} - \tan\alpha'}{(1 + z_1/z_2)\tan\alpha' - \tan\alpha_{a_1}}(1 + z_2/z_1) \tag{4-77}$$

当齿轮传动的实际中心距 a_1 由结构或其他条件给定时，啮合角为

$$\alpha' = \arctan\left(\frac{\sqrt{1 - (a\cos\alpha/a_1)^2}}{a\cos\alpha/a_1}\right) \tag{4-78}$$

式中：α——分度圆上的压力角；

a——标准中心距。

两轮的变位系数之和 x_Σ 可由无侧隙啮合方程式导出。

$$x_\Sigma = x_1 + x_2 = \frac{z_1 + z_2}{2\tan\alpha}(\tan\alpha' - \alpha' - \tan\alpha + \alpha) \tag{4-79}$$

当求 α_{a1} 和 α_{a2} 时，用到齿顶圆半径 $r_{a1} + r_{a2}$ 可用下式求出

$$r_{ai} = r_i + (h_a^* + x_i - \sigma)m \quad i = 1, 2 \tag{4-80}$$

式中齿顶高降低系数 σ 及求 σ 时用到的分度圆分离系数 y 可用式(4-81)求

$$\left.\begin{array}{l} \sigma = x_\Sigma - y \\ y = (a_1 - a)/m \end{array}\right\} \tag{4-81}$$

由此可知，两轮齿根的滑动系数 η_1 和 η_2 与两轮的变位系数有关。在实际中心距 a' 给定的情况下，x_1 与 x_2 两个变位系数中仅有一

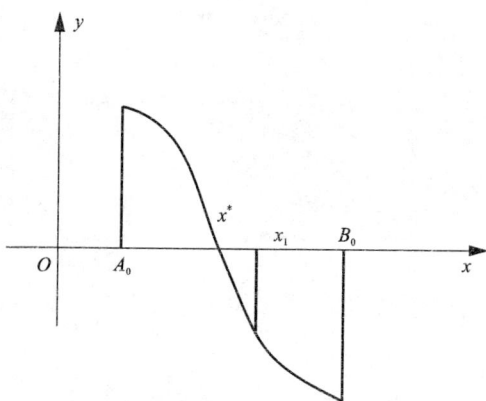

图 4-16

个是独立的。若取 x_1 为独立变量，则 η_1 和 η_2 两个齿根滑动系数均是 x_1 的函数。令

$$f(x_1) = \eta_1 - \eta_2 \tag{4-82}$$

则使两轮齿根滑动系数相等的问题成为以 x_1 为变量求方程(4-82)的根的问题。

解非线性方程,除了可用 Newton-Raphson 法求根外,还可用黄金分割法(即0.618法)求根。该方法的原理如图4-16所示。设有单调函数 $f(x)$ 在已知区间 $[A_0, B_0]$ 内有根,其根的求法为:

(1)取 $[A_0, B_0]$ 区间的 0.618 点入作为根 x^* 的近似值,则

$$x_1 = A_0 + 0.618(B_0 - A_0)$$

(2)求出误差 $\delta = f(x_1)$。

(3)如果 $|\delta|$ 小于要求的精度,则 x_1 即为所求并输出;如果 $\delta > 0$,则将 A_0 用 x_1 代替;如果 $\delta < 0$,则将 B_0 用 x_1 代替。然后回到第1步,求出新的 $[A_0, B_0]$ 区间的 0.618 点,依次进行下去,直到符合要求为止。

(4)此处,用0.618法求根的区间为 $[-3, 5]$。主动轮根切对变位系数的限制在求根的过程中加以考虑,而从动轮根切和其他传动质量的限制则需加以检验。

2)框图设计

如图4-17所示。

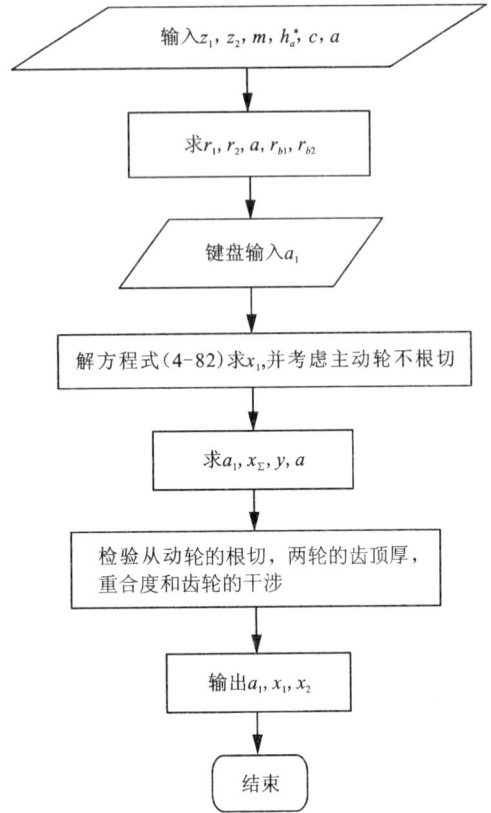

图 4 - 17

74

第5章
典型机构的分析与设计

机构学是机械设计所依据的最重要的基础理论学科之一，它是 18 世纪下半叶力学与机械相结合的产物。机构学是以运动学和动力学为主要基础，以数学分析和实验为手段，研究各类机构的基本运动规律和动力行为，提供运动和动力分析与综合（设计）的理论与方法的学科。机构分析是根据给定的机构简图来研究机构的运动特性和动力特性，而机构综合是根据给定的运动和动力要求来设计机构简图。机构学为发明、创造机械，改进现有机械提供正确有效的理论和方法。

对于机械系统中常用的机构设计，通常有两种方法：图解法的特点是简单易行，但设计精度低，实现起来烦琐，需要进行大量的重复工作；解析法先建立包括机构各尺寸参数和运动变量的表达式，再应用高级语言进行编程计算，编程工作量大。我们选用具有编程简便、可快速生成图像等优点的 MATLAB 软件来对机构进行动态仿真和运动分析，可以形象直观地观察所设计的机构及其运动情况，并可根据需要获得运动分析结果，如某点的速度、加速度、位移曲线等。因此可以更全面地判断设计是否满足设计要求，从而大大提高设计精度，真正做到既能保证设计过程简单易行，又能确保设计结果具有足够的精度。

MATLAB 是英文 matrix laboratory（矩阵实验室）的缩写。MATLAB 是由美国 MathWorks 公司推出的用于数值计算和图形处理计算系统环境，除了具备卓越的数值计算能力外，它还提供了专业水平的符号计算、文字处理、可视化建模仿真和实时控制等功能。MATLAB 的基本数据单位是矩阵，它的指令表达式与数学、工程中常用的形式十分相似，故用 MATLAB 来解算问题要比用 C、FORTRAN 等语言简捷得多。

整个 MATLAB 系统由两部分组成，即 MATLAB 内核及辅助工具箱，两者的调用构成了 MATLAB 的强大功能。MATLAB 语言以数组为基本数据单位，包括控制流语句、函数、数据结构、输入输出及面向对象等特点的高级语言，它具有以下主要特点：

（1）运算符和库函数极其丰富，语言简洁，编程效率高，MATLAB 除了提供和 C 语言一样的运算符号外，还提供广泛的矩阵和向量运算符。利用其运算符和库函数可使其程序相当简短，两三行语句就可实现几十行甚至几百行 C 或 FORTRAN 的程序功能。

（2）既具有结构化的控制语句（如 for 循环、while 循环、break 语句、if 语句和 switch 语句），又有面向对象的编程特性。

（3）图形功能强大。它既包括对二维和三维数据可视化、图像处理、动画制作等高层次的绘图命令，也包括可以修改图形及编制完整图形界面的、低层次的绘图命令。

（4）功能强大的工具箱。工具箱可分为两类：功能性工具箱和学科性工具箱。功能性工具箱主要用来扩充其符号计算功能、图示建模仿真功能、文字处理功能以及与硬件实时交互的功能。而学科性工具箱的专业性比较强，如优化工具箱、统计工具箱、控制工具箱、小波工具箱、图像处理工具箱、通信工具箱等。

（5）易于扩充。除内部函数外，所有 MATLAB 的核心文件和工具箱文件都是可读可改的源文件，用户可修改源文件和加入自己的文件，它们可以与库函数一样被调用。

  MATLAB 的优化工具箱中含有一系列的优化算法函数，这些函数拓展了 MATLAB 数值计算环境的处理能力，可以方便快捷地解决很多工程实际问题。在 MATLAB 中有一组功能语句的集合，称为 M 文件，通过使用 M 文件，可以以程序的形式重复处理数据，从而提高工作效率。M 文件有两种：一种是脚本式 M 文件，另一种是函数式 M 文件。本章将使用函数式 M 文件进行设计，一个完整的函数式 M 文件一般包括函数定义行、帮助文本、函数体、注释和函数代码等项目。

  常见的最优化问题主要包括线性规划、无约束非线性规划、约束最优化、多目标规划、大规模优化及最小二乘优化等。当量化地求解一个实际的最优化问题时，首先要把这个问题转化为一个数学问题，即建立数学模型；然后对建立的数学模型进行具体分析，选择合适的优化算法；最后根据选定的优化算法，编写计算程序进行求解。

  用 MATLAB 优化工具箱解决实际工程应用问题可概括为以下三个步骤：①根据所提出的最优化问题，建立最优化问题的数学模型，确定变量，列出约束条件和目标函数（指标函数和性能函数）；②对所建立的模型进行具体分析和研究，选择合适的最优化求解方法；③根据最优化方法的算法，列出程序框图、选择优化函数和编写语言程序，用计算机求出最优解。

  应用 MATLAB 优化工具箱内置的函数模块 fmincon，不仅可以很好地解决单目标多变量约束非线性优化问题，而且能够大大提高设计的准确度和可靠性，并且使设计的效率比以往大大提高。利用 MATLAB 软件强大的图形模拟功能，可以直观显示各约束函数的图形，即可准确画出可行域，据此不仅便于直观地排除非有效约束、简化优化问题，而且更重要的是有助于从事优化设计教学和研究者对于问题的理解和判断。由于 MATLAB 软件具有强大的图形、数值计算功能及较高的编程效率，故它是一种能够用来解决机械优化设计教学和工程优化问题研究的十分强大而有效的工具，具有以往采用其他编程方法或手段解决优化问题所不能比拟的优点。

5.1 常用机构的分类和性能特点

  为了便于设计者能快速浏览、了解、掌握常用机构的主要特点，并能恰当地选用或为机构创新设计得到某种启示，本节从宏观方面阐述一些常用基本机构的类型与特点，供设计者选择机构类型时参考。这些机构在设计和应用技术上比较成熟，使用范围广泛，一般作为设计者的首选。详见表 5-1 和表 5-2。

表 5-1 按运动方式和功能对机构进行分类

机构运动方式和功能	机构类型
匀速运动	①连杆机构：平行四边形机构、双转块机构； ②齿轮机构；③行星轮系；④谐波传动机构； ⑤摩擦轮机构；⑥挠性件传动机构
非匀速转动	①连杆机构：铰链四杆机构、双曲柄机构、曲柄滑块机构、转动导杆机构； ②非圆齿轮机构；③挠性件传动机构；④组合机构

续表 5 – 1

机构运动方式和功能	机构类型
往复移动	①连杆机构：曲柄滑块机构、移动导杆机构； ②凸轮机构；③齿轮齿条传动；④螺旋机构
往复摆动	①连杆机构：曲柄摇块机构、曲柄摇杆机构、摇杆滑块机构、摆动导杆机构、等腰梯形机构； ②凸轮机构；③齿轮齿条机构；④非圆齿轮齿条传动
间歇运动	①凸轮机构；②棘轮机构；③槽轮机构；④不完全齿条齿轮机构

表 5 – 2　常用机构的主要性能和特点

机构类型	能实现的运动变换	主要性能和特点
平面连杆机构	转动←→转动 转动←→移动 转动←→摆动 转动←→平面运动	组成运动的两构件之间为面接触，承受的压力小，便于润滑，磨损较轻，构件简单，加工方便。根据从动件所需要的运动规律或轨迹来设计连杆机构比较复杂，而且精度不高，运动时产生的惯性力难以平衡，在实现从动件多种运动规律的灵活性方面不及凸轮机构
凸轮机构	转动←→移动 转动←→摆动	结构简单，可实现从动件多种形式的运动规律，运动副为高副，靠力或形封闭运动副，故不适用于重载，常在自动机或控制系统中应用
齿轮机构	转动←→转动 转动←→移动	承载能力和速度范围大，传动比恒定，运动精度高，效率高，但运动形式变换不多。非圆齿轮机构能实现变传动比传动。不完全齿轮机构能传递间歇运动
轮系	转动←→转动 转动←→移动	能获得很大的传动比或多级传动比，差动轮系能将运动合成与分解
槽轮机构	转动←→间歇运动	槽轮机构具有结构简单、制造容易、工作可靠和机械效率较高等优点。但是槽轮机构在工作时有冲击，随着转速的增加及槽数的减少而加剧，故不宜用于高速，其适用范围受到一定的限制。槽轮机构一般用于转速不是很高的自动机械、轻工机械和仪器仪表中。此外也常与其他机构组合，在自动生产线中作为工件传送或转位机构
棘轮机构	摆动←→间歇运动	具有结构简单、制造方便和运动可靠等优点，可用于单向或双向传动，分度转角可以调节，但是由于回程时摇杆上的棘爪在棘轮齿面上滑行时引起噪声和齿尖磨损，只适用于低速轻载，在实际应用中可满足如送进、制动、超越离合和转位、分度等工艺要求
螺旋机构	转动←→移动	结构简单，制造方便，运动准确性高，且有很大的减速比；工作平稳、无噪声，可以传递很大的轴向力。但由于螺旋副为面接触，且接触面间的相对滑动速度较大，故运动副表面摩擦、磨损较大，传动效率较低，一般螺旋传动具有自锁作用
组合运动	可实现多种运动，灵活性较大	可由凸轮、连杆、齿轮等机构组合而成，能实现多种形式的运动规律，具有各机构的综合优点，但结构较复杂，设计较困难。常在要求实现复杂运动的场合应用

5.2　连杆机构的运动设计

连杆机构的运动设计是一个比较复杂的问题，常用的设计方法有几何综合法和解析综合法。几何综合法简单直观，但是精度较低；解析综合法精度较高，但是计算工作量大。随着计算机辅助数值解法的发展，解析综合法已经得到广泛的应用。MATLAB 是美国 MathWorks 公司推出的集数值计算和图形处理为一体的科学计算语言，它具有功能强大、集成度高、易于扩充开发和使用方便的特点，在机械工程领域的机构运动分析和设计、机械零部件设计、机械可靠性设计和机械优化设计等方面广泛应用。本章所选实例都在 MATLAB 系统平台上，编制 M 程序文件和运用数值解法进行分析研究和设计计算。

5.2.1　给定连杆机构极限位置和最小传动角的设计问题

1. 建立连杆机构的运动几何方程

如图 5 - 1 所示的铰链四杆机构，在连杆机构的极限位置和最小传动角位置，由于

$$\overline{C_1C_2} = 2l_3\sin\frac{\psi}{2}$$

$$AC_1 = l_2 - l_1$$

$$AC_2 = l_2 + l_1$$

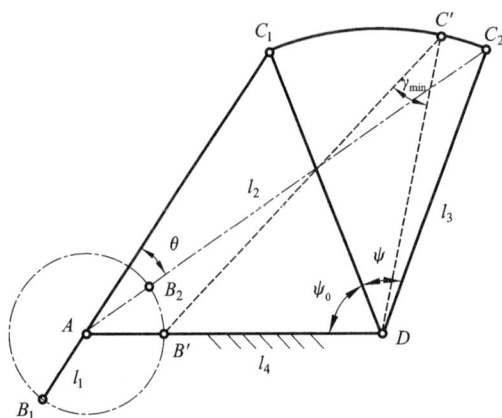

图 5 - 1　连杆机构的极限位置与最小传动角

根据图 5 - 1 中四个三角形 $\triangle AC_1C_2$、$\triangle AC_1D$、$\triangle AC_2D$ 和 $\triangle B'C'D$ 的余弦定理得

$$\begin{cases} \left(2l_3\sin\dfrac{\psi}{2}\right)^2 = (l_2+l_1)^2 + (l_2-l_1)^2 - 2(l_2+l_1)(l_2-l_1)\cos\theta \\ (l_2-l_1)^2 = l_3^2 + l_4^2 - 2l_3l_4\cos\psi_0 \\ (l_2+l_1)^2 = l_3^2 + l_4^2 - 2l_3l_4\cos(\psi_0+\psi) \\ (l_4-l_1)^2 = l_2^2 + l_3^2 - 2l_2l_3\cos\gamma_{min} \end{cases} \tag{5-1}$$

此式表明了铰链四杆机构的运动几何关系，其中有 8 个参数，当已知四杆机构的极位夹

角 θ 或行程速比系数 k、摇杆长度 l_3 和摆角 ψ 的条件下，再补充最小传动角 γ_{min}、曲柄长度 l_1、连杆长度 l_2、机架长度 l_4 等结构参数其中某个辅助条件，就可以通过求解非线性方程组 (5 – 1) 得到其他未知杆件长度，以及机构在左极限位置时摇杆位置角 ψ_0。

2. 计算实例

已知机构行程速比系数 $k = 1.25$，摇杆 CD 的长度 $l_3 = 250$ mm，摆角 $\psi = 30°$，要求机构的最小传动角 $\gamma_{min} \geqslant 40°$。试用解析综合法设计此曲柄摇杆机构。

在 MATLAB 系统平台上，首先按照式 (5 – 1) 建立描述铰链四杆机构运动设计的运动几何方程的函数文件；输入根据行程速比系数 k 计算出的极位夹角 θ、摇杆长度 l_3、摆角 ψ 和最小传动角 γ_{min} 等已知数据，估计待求参数的初始值；然后使用非线性方程组的数值求解函数 fsolve，可以方便地得到计算结果。

3. M 文件和运算结果

```
% 铰链四杆机构运动设计
x0 = [50 120 200 0.5];
k = 1.25;                    % 行程速比系数
theta = pi * (k – 1)/(k + 1);   % 极位夹角
yg = 250;                    % 摇杆长度
pusai = pi/6;                % 摇杆摆角
gamin = 2 * pi/9;            % 最小传动角
x = fsolve(@ qbyg, x0);
disp '          * * * * * * * * 已知条件 * * * * * * * * *'
fprintf (1,'        行程速比系数        k = %3.4f \n', k)
fprintf (1,'        极位夹角        theta = %3.4f 度 \n', theta * 180/pi)
fprintf (1,'        摇杆长度        yg = %3.4f mm \n', yg)
fprintf (1,'        摇杆摆角        pusai = %3.4f 度 \n', pusai * 180/pi)
fprintf (1,'        最小传动角        gamin = %3.4f 度 \n', gamin * 180/pi)
disp '          * * * * * * * * 计算结果 * * * * * * * * *'
fprintf (1,'        曲柄长度        a = %3.4f mm \n', x(1))
fprintf (1,'        连杆长度        b = %3.4f mm \n', x(2))
fprintf (1,'        机架长度        d = %3.4f mm \n', x(3))
fprintf (1,'        摇杆位置角        pusai0 = %3.4f 度 \n', x(4) * 180/pi)

% 铰链四杆机构非线性参数方程组
function f = qbyg(x)
k = 1.25;                    % 行程速比系数
theta = pi * (k – 1)/(k + 1);   % 极位夹角
yg = 250;                    % 摇杆长度
pusai = pi/6;                % 摇杆摆角
gamin = 2 * pi/9;            % 最小传动角
% x(1)是曲柄长度; x(2)是连杆长度; x(3)是机架长度; x(4)是摇杆初始位置角
```

$f1 = (x(2) + x(1))^2 + (x(2) - x(1))^2 - 2 * (x(2) + x(1)) * (x(2) - x(1)) * \cos(theta) - (2 * yg * \sin(pusai/2))^2;$

$f2 = yg^2 + x(3)^2 - 2 * yg * x(3) * \cos(x(4)) - (x(2) - x(1))^2;$

$f3 = yg^2 + x(3)^2 - 2 * yg * x(3) * \cos(x(4) + pusai) - (x(2) + x(1))^2;$

$f4 = yg^2 + x(2)^2 - 2 * yg * x(2) * \cos(gamin) - (x(3) - x(1))^2;$

$f = [f1; f2; f3; f4];$

        ＊＊＊＊＊＊＊ 已知条件 ＊＊＊＊＊＊＊＊'

    行程速比系数   k = 1.2500

    极位夹角   theta = 20.0000 度

    摇杆长度   yg = 250.0000mm

    摇杆摆角   pusai = 30.0000 度

    最小传动角   gamin = 40.0000 度

        ＊＊＊＊＊＊＊ 计算结果 ＊＊＊＊＊＊＊＊

    曲柄长度   a = 62.9934mm

    连杆长度   b = 105.9045mm

    机架长度   d = 245.0702mm

    摇杆位置角   pusai0 = 9.8794 度

得到的计算结果是：曲柄长度 $l_1 = 62.9934$ mm、连杆长度 $l_2 = 105.9045$ mm、机架长度 $l_4 = 245.0702$ mm，摇杆在左极限位置时的位置角 $\psi_0 = 9.8794°$。

5.2.2 给定连杆机构连架杆对应位置的设计问题

1. 建立机构的位置方程式

在如图 5 - 2 所示的铰链四杆机构中，已知机构主动件 *AB* 与从动件 *CD* 之间的位置对应关系 $\psi = f(\phi)$，根据各个构件长度在直角坐标系中的投影，建立机构的位置方程：

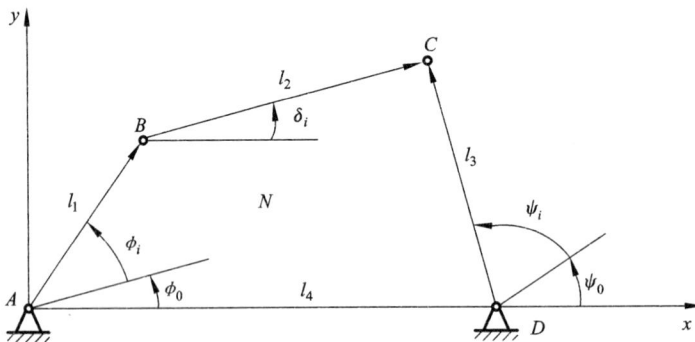

图 5 - 2　连杆机构连架杆的输入角和输出角

$$\begin{cases} l_1\cos(\phi + \phi_0) + l_2\cos\delta = l_4 + l_3\cos(\psi + \psi_0) \\ l_1\sin(\phi + \phi_0) + l_2\sin\delta = l_3\sin(\psi + \psi_0) \end{cases}$$

将上式整理后得到机构的位置方程式

$$l_2^2 = l_1^2 + l_3^2 + l_4^2 + 2l_3l_4\cos(\psi + \psi_0) - 2l_1l_4\cos(\phi + \phi_0) - 2l_1l_3\cos\left[(\phi - \psi) + (\phi_0 - \psi_0)\right]$$

$$(5-2)$$

因为连架杆的运动取决于各个构件的相对长度，设机构的相对杆件长度系数为

$$\begin{cases} R_1 = (l_1^2 + l_3^2 + l_4^2 - l_2^2)/2l_1l_3 \\ R_2 = l_4/l_3 \\ R_3 = l_4/l_1 \end{cases} \quad (5-3)$$

将它们带入机构的位置方程式(5-2)，得到铰链四杆机构位置参数方程

$$R_1 - R_2\cos(\phi_i + \phi_0) + R_3\cos(\psi_i + \psi_0) = \cos\left[(\phi_i - \psi_i) + (\phi_0 + \psi_0)\right] \quad (5-4)$$

当已知两连架杆的对应位置关系 $\psi = f(\phi)$ 时，式(5-4)中有 R_1、R_2、R_3、ϕ_0 和 ψ_0 等五个参数，说明在四杆机构常规设计中，能够满足两连架杆的对应位置数最多为五组。

2. 计算实例和数学模型

已知铰链四杆机构两连接杆 AB 和 CD 的初始位置 $\phi_0 = \psi_0 = 0°$，它们中有三组对应位置是 $\phi_1 = 45°$、$\psi_1 = 52°$；$\phi_2 = 90°$、$\psi_2 = 82°$；$\phi_3 = 135°$、$\psi_3 = 112°$，以及机架的长度 $l_4 = 50$ mm，要求设计该铰链四杆机构。

设计分析：将已知参数带入式(5-4)，得到线性方程式

$$R_1 - R_2\cos(\phi_i + \phi_0) + R_3\cos(\psi_i + \psi_0) = \cos\left[(\phi_i - \psi_i) + (\phi_0 - \psi_0)\right] \quad (i = 1,2,3)$$

求解该线性方程，得到机构的相对杆件长度系数 R_1、R_2、R_3，再代入式(5-2)，计算出三个未知构件的长度

$$\begin{cases} l_1 = l_4/R_3 \\ l_3 = l_4/R_2 \\ l_2 = \sqrt{l_1^2 + l_3^2 + l_4^2 - 2l_1l_3 \cdot R_1} \end{cases} \quad (5-5)$$

3. M 文件和运算结果

在 MATLAB 系统平台上，首先输入已知数据：ϕ_0、ψ_0 和 $[\phi_i、\psi_i](i=1,2,3)$，建立线性方程组的系数矩阵 A 和 B；然后使用求逆函数 inv 或是矩阵除法求解线性方程组，直接求解出铰链四杆机构的杆长系数 R_1、R_2 和 R_3；输入已知的机架长度 l_4，按照式(5-5)计算出各杆长度；最后可以用求解矩阵或向量范数的函数 norm，检验计算结果的精度。

% 实现连架杆角位移(3 组)的连杆机构运动设计

% 已知条件

f0 = 0；p0 = 0；　　　　　　　　% 连架杆初始位置角

[f] = [45 90 135] * pi/180；　　% 曲柄输入角

[p] = [52 82 112] * pi/180；　　% 摇杆输出角

% 杆件相对长度参数 R1、R2 和 R3 的系数矩阵

a1 = [1　-cos(f(1) + f0)　cos(p(1) + p0)]；

a2 = [1　-cos(f(2) + f0)　cos(p(2) + p0)]；

a3 = [1　-cos(f(3) + f0)　cos(p(3) + p0)]；

a = [a1；a2；a3]

% 线性方程组右边的常数矩阵

b1 = [cos(f(1) - p(1)) + (f0 + p0)]；

$b2 = [\cos(f(2) - p(2)) + (f0 + p0)];$

$b3 = [\cos(f(3) - p(3)) + (f0 + p0)];$

$b = [b1 \ b2 \ b3]'$

% 线性方程组 aR = b 直接解法(采用求逆函数 inv)

$R = inv(a) * b$ % 或采用矩阵除法 R = a\b

% 杆件长度

$d = 50;$ % 机架长度(已知数据)

$x(1) = d/R(3);$

$x(3) = d/R(2);$

$x(2) = sqrt(x(1)^2 + x(3)^2 + d^2 - 2 * x(1) * x(3) * R(1));$

% 检验解的精度(采用求解矩阵或向量范数的函数 norm)

$en = norm(a * R - b);$

disp '   * * * * * * * * 计算结果 * * * * * * * *'

fprintf (1,'   曲柄长度   a = %3.4f mm \n', x(1))

fprintf (1,'   连杆长度   b = %3.4f mm \n', x(2))

fprintf (1,'   摇杆长度   c = %3.4f mm \n', x(3))

fprintf (1,'   机架长度   d = %3.4f mm \n', d)

disp ''

fprintf (1,'   数值解的精度   en = %3.4e \n', en)

a = 1.0000   -0.7071   0.6157

    1.0000   -0.0000   0.1392

    1.0000   0.7071   -0.3746

b = 0.9925

    0.9903

    0.9205

R = 0.7384

    1.2162

    1.8097

        * * * * * * * 计算结果 * * * * * * * *

        曲柄长度   a = 27.6293 mm

        连杆长度   b = 43.3240 mm

        摇杆长度   c = 41.1104 mm

        机架长度   d = 50.0000 mm

        数值解的精度   en = 2.0441e - 0.15

可见,采用求逆函数解线性方程组的误差是很小的,达到 10^{-15} 数量级。

5.3 连杆机构的运动分析

曲柄摇杆机构是平面连杆机构中最基本的由转动副组成的四杆机构,它可以用来实现转动和摆动之间运动形式的转换或传递动力。对四杆机构进行运动分析的意义是:在机构尺度参数已知的情况下，假定曲柄做匀速运动，撇开力的作用，仅从运动几何关系上分析摇杆的位移、速度和加速度等运动参数变化情况。还可以根据机构闭环矢量方程计算摇杆的位移偏差。运动分析可以为研究机构的运动性能和动力性能提供必要的依据。

采用解析法进行机构运动分析时，一般先建立机构的闭环矢量方程，即角位移方程，然后用其分量形式对时间求一阶导数得到角速度方程，对时间求二阶导数得到角加速度方程。

5.3.1　机构运动分析的数学模型和求解方法

1. 建立数学模型

（1）角位移方程为　　　　　　　　　　$r_2 + r_3 = r_1 + r_4$

只要满足几何装配条件，在机构运动的任何位置都能满足该位移方程。

如图 5 – 3 所示，角位移方程的分量形式为

$$\begin{cases} r_2\cos\theta_2 + r_3\cos\theta_3 = r_1\cos\theta_1 + r_4\cos\theta_4 \\ r_2\sin\theta_2 + r_3\sin\theta_3 = r_1\sin\theta_1 + r_4\sin\theta_4 \end{cases} \tag{5-6}$$

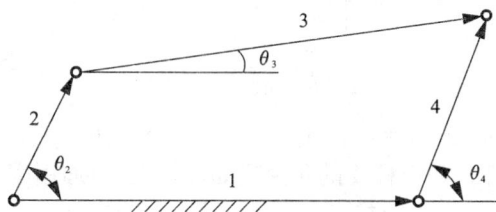

图 5 – 3　连杆机构的运动角

（2）角速度方程为

$$\begin{pmatrix} -r_3\sin\theta_3 & r_4\sin\theta_4 \\ r_3\cos\theta_3 & -r_4\cos\theta_4 \end{pmatrix} \begin{pmatrix} \omega_3 \\ \omega_4 \end{pmatrix} = \begin{pmatrix} \omega_2 r_2\sin\theta_2 \\ -\omega_2 r_2\cos\theta_2 \end{pmatrix} \tag{5-7}$$

（3）角加速度方程为

$$\begin{pmatrix} -r_3\sin\theta_3 & r_4\sin\theta_4 \\ r_3\cos\theta_3 & -r_4\cos\theta_4 \end{pmatrix} \begin{pmatrix} a_3 \\ a_4 \end{pmatrix} = \begin{pmatrix} a_2 r_2\sin\theta_2 + \omega_2^2 r_2\cos\theta_2 + \omega_3^2 r_3\cos\theta_3 - \omega_4^2 r_4\cos\theta_4 \\ -a_2 r_2\cos\theta_2 + \omega_2^2 r_2\sin\theta_2 + \omega_3^2 r_3\sin\theta_3 - \omega_4^2 r_4\sin\theta_4 \end{pmatrix} \tag{5-8}$$

式（5-6）～式（5-8）中，$r_i(i=1, 2, 3, 4)$分别代表机架 1、曲柄 2、连杆 3 和摇杆 4 的长度；$\theta_i(i=1, 2, 3, 4)$是各杆与 x 轴正向所夹的角度，单位为 rad；$\omega_i = \dfrac{\mathrm{d}\theta_i}{\mathrm{d}t}$是各杆角速度，单位为 rad/s；$a_i = \dfrac{\mathrm{d}\omega_i}{\mathrm{d}t} = \dfrac{\mathrm{d}^2\theta_i}{\mathrm{d}t^2}$是各杆角加速度，单位为 rad/s²。

2. 求解方法

（1）求导中应用了下列公式

$$\begin{cases} \dfrac{\mathrm{d}\sin\theta}{\mathrm{d}t} = \dfrac{\mathrm{d}\theta}{\mathrm{d}t}\cos\theta = \omega\cos\theta \\ \dfrac{\mathrm{d}\cos\theta}{\mathrm{d}t} = -\dfrac{\mathrm{d}\theta}{\mathrm{d}t}\sin\theta = -\omega\sin\theta \\ (uv)' = vu' + uv' \end{cases} \tag{5-9}$$

（2）在角位移方程分量形式（5-6）中，由于假定机架为参考系，矢量 1 与 x 轴重合，$\theta_1 = 0$，则有非线性超越方程组

$$\begin{cases} f_1(\theta_3, \theta_4) = r_2\cos\theta_2 + r_3\cos\theta_3 - r_1 - r_4\cos\theta_4 = 0 \\ f_2(\theta_3, \theta_4) = r_2\sin\theta_2 + r_3\sin\theta_3 - r_4\sin\theta_4 = 0 \end{cases} \qquad (5-10)$$

可以借助牛顿 - 辛普森数值解法，求出连杆 3 角位移 θ_3 和摇杆 4 的角位移 θ_4。

（3）求解具有 n 个未知向量 $x_i(i=1, 2, \cdots, n)$ 的线性方程组

$$\begin{cases} a_{11}x_1 + a_{12}x_2 + \cdots + a_{1n}x_n = b_1 \\ a_{21}x_1 + a_{22}x_2 + \cdots + a_{2n}x_n = b_2 \\ \vdots \\ a_{n1}x_1 + a_{n2}x_2 + \cdots + a_{nn}x_n = b_n \end{cases} \qquad (5-11)$$

式中，系数矩阵 A 是一个 $n \times n$ 阶方阵，它的逆阵表示为 A^{-1}

$$A = \begin{pmatrix} a_{11} & a_{12} & \cdots & a_{1n} \\ a_{21} & a_{22} & \cdots & a_{2n} \\ \vdots & \vdots & & \vdots \\ a_{n1} & a_{n2} & \cdots & a_{nn} \end{pmatrix} \qquad (5-12)$$

常数项 b 是一个 n 维矢量，$\quad b = (b_1, b_2, \cdots, b_n)^T$ $\qquad (5-13)$

因此线性方程组的矢量为 $\quad x = (x_1, x_2, \cdots, x_n)^T = a^{-1}b$ $\qquad (5-14)$

式（5-14）是求解连杆 3 和摇杆 4 的角速度 ω_3、ω_4 和角加速度 a_3、a_4 的依据。

5.3.2 运动误差分析

根据闭环矢量方程得到误差矢量 e 的分量形式

$$\begin{cases} ex = r_2\cos\theta_2 + r_3\cos\theta_3 - r_4\cos\theta_4 - r_1 \\ ey = r_2\sin\theta_2 + r_3\sin\theta_3 - r_4\sin\theta_4 \end{cases}$$

再利用 MATLAB 的正态高斯分布函数 norm（[ex ey]）计算误差矢量 e 的模。

从曲柄摇杆机构的运动线图（图 5-4）可见，连杆 3 和摇杆 4 的角位移 θ_3、θ_4，角速度 ω_3、ω_4 和角加速度 a_3、a_4 是随着曲柄转角（或时间）改变作周期性变化，因此在运动过程中会产生动载荷和惯性力。从动件的 x 向和 y 向的运动偏差，也是随着时间改变作规律一致的变化的。

5.3.3 计算实例的 M 文件和运算结果

已知曲柄摇杆机构的四杆长度为：$r_1 = 304.8$ mm、$r_2 = 101.6$ mm、$r_3 = 254.0$ mm 和 $r_4 = 177.8$ mm，曲柄做匀速转动的角速度为 $\omega = 250$ rad/s。试计算连杆 3 和摇杆 4 的角位移 θ_3、θ_4，角速度 ω_3、ω_4，角加速度 a_3、a_4，以及运动误差，并且绘制出运动线图。

```
% 曲柄摇杆机构运动分析
% （1）——计算连杆的输出角 th3 和摇杆的输出角 th4
% 设定各杆的长度（单位：毫米）
rs(1) = 304.8;        % 设定机架 1 长度
rs(2) = 101.6;        % 设定曲柄 2 长度
```

```
rs(3) = 254.0;                  % 设定连杆 3 长度
rs(4) = 177.8;                  % 设定摇杆 4 长度
dr = pi/180.0;                  % 角度与弧度的转换系数
% 设定初始推测的输入
% 机构的初始位置
th(1) = 0.0;                    % 设定曲柄 2 初始位置角是 0 度(与机架 1 共线)
th(2) = 45 * dr;                % 连杆 3 的初始位置角是 45°
th(3) = 135 * dr;               % 摇杆 4 的初始位置角是 135°
% 摇杆 4 的初始位置角可以用三角形的正弦定理确定
th(3) = pi - asin(sin(th(2)) * rs(3)/rs(4));
dth = 5 * dr;                   % 循环增量
% 曲柄输入角从 0 度变化到 360 度, 步长为 5 度, 计算 th34
for i = 1:72
    [th3, th4] = ntrps(th, rs); % 调用牛顿 - 辛普森方程求解机构位置解非线性方程
函数文件
    % Store results in a matrix - th34, in degrees
    % 在矩阵 th34 中储存结果, 以度为单位; (i, :) 表示第 i 行所有列的元素; (:, i)
表示第 i 列所有行的元素
    th34(i, :) = [th(1)/dr th3/dr th4/dr]; % 矩阵[曲柄转角 连杆转角 摇杆转角]
    th(1) = th(1) + dth;        % 曲柄转角递增
    th(2) = th3;                % 连杆转角中间计算值
    th(3) = th4;                % 摇杆转角中间计算值
end
% 绘制输出角 th(2) 与 th(3)—输入角 th(1) 的关系曲线
subplot(2, 2, 1)                % 选择第 1 个子窗口
plot(th34(:, 1), th34(:, 2), th34(:, 1), th34(:, 3))
axis([0 360 0 170])
grid                            % 网格线
ylabel('从动件角位移/deg')
title('角位移线图')
text(110, 110, '摇杆 4 角位移')
text(50, 35, '连杆 3 角位移')
% (2)——计算连杆的角速度 om3 和摇杆的角速度 om4
% Setting initial conditions
% 设置初始条件
om2 = 250;                      % 曲柄角速度(等速输入)
T = 2 * pi/om2;                 % 机构周期 - 曲柄旋转 1 周的时间(秒)
% 曲柄输入角从 0 度变化到 360 度, 步长为 5 度, 计算 om34
for i = 1:72
```

```matlab
        ct(2) = i * dth;
        A = [-rs(3) * sin(th34(i, 2) * dr)    rs(4) * sin(th34(i, 3) * dr);    rs(3) *
cos(th34(i, 2) * dr)  -rs(4) * cos(th34(i, 3) * dr)];
        B = [om2 * rs(2) * sin(ct(2)); -om2 * rs(2) * cos(ct(2))];
        om = inv(A) * B;                    % 输出角速度矩阵
        om3 = om(1);
        om4 = om(2);
        om34(i, :) = [i om3 om4];            % 矩阵[序号 连杆角速度 摇杆角速度]
        t(i) = i * T/72;
    end
% 绘制连杆的角速度 om3 和摇杆的角速度 om4 - 时间 Times 的关系曲线
subplot(2, 2, 2)                            % 选择第 2 个子窗口
plot(t, om34(:, 2), t, om34(:, 3))
axis([0 0.026 -190 210])
grid                                         % 网格线
title('角速度线图')
ylabel('从动件角速度/rad/s')
text(0.001, 170, '摇杆 4 角速度')
text(0.013, 130, '连杆 3 角速度')
% (3)——计算连杆的角加速度 a3 和摇杆的角加速度 a4
a2 = 0;                % 曲柄角速度是等速,角加速度 a2 = dom2/dt = 0
% 曲柄输入角从 0 度变化到 360 度,步长为 5 度,计算 a34
for i = 1 : 72
        c(2) = i * dth;
        C = [-rs(3) * sin(th34(i, 2) * dr)   rs(4) * sin(th34(i, 3) * dr);   rs(3) * cos
(th34(i, 2) * dr)  -rs(4) * cos(th34(i, 3) * dr)];
        D(1) = a2 * rs(2) * sin(c(2)) + om2^2 * rs(2) * cos(c(2)) + om34(i, 2)^2 * rs(3) *
cos(th34(i, 2) * dr) - om34(i, 3)^2 * rs(4) * cos(th34(i, 3) * dr);
        D(2) = -a2 * rs(2) * cos(c(2)) + om2^2 * rs(2) * sin(c(2)) + om34(i, 2)^2 * rs(3) *
sin(th34(i, 2) * dr) - om34(i, 3)^2 * rs(4) * sin(th34(i, 3) * dr);
        a = inv(C) * D';                    % 输出角加速度矩阵
        a3 = a(1);
        a4 = a(2);
        a34(i, :) = [i a3 a4];              % 矩阵[序号 连杆角加速度 摇杆加角速度]
        t(i) = i * T/72;
    end
% 绘制连杆的角加速度 a3 和摇杆的角加速度 a4 - 时间 Times 的关系曲线
subplot(2, 2, 3)                            % 选择第 3 个子窗口
plot(t, a34(:, 2), t, a34(:, 3))
```

86

```matlab
axis([0 0.026 -6*1e4 8*1e4])
grid                              % 网格线
title('角加速度线图')
xlabel('时间/s')
ylabel('从动件加速度/rad/s^{2}')
text(0.003, 6.2*1e4, '摇杆4角加速度')
text(0.010, 3.3*1e4, '连杆3角加速度')
%
% 输出1：四杆机构运动周期(0:5:360)，时间，角位移，角速度，角加速度数据
disp' 曲柄转角 连杆转角 - 摇杆转角 - 连杆角速度 - 摇杆角速度 - 连杆加速度 - 摇杆加速度'
ydcs = [th34(:,1), th34(:,2), th34(:,3), om34(:,2), om34(:,3), a34(:,2), a34(:,3)];
disp(ydcs)
% 输出参数的数量级必须一致
%
% (4)——运动误差分析
% 闭环矢量方程：r2 + r3 - r4 - r1 = 0
% 误差矢量 E = r2 + r3 - r4 - r1 的模是表示仿真有效程度的标量(ex 和 ey 是误差分量)
ex = rs(2)*cos(th34(:,1)*dth) + rs(3)*cos(th34(:,2)*dth) - rs(4)*cos(th34(:,3)*dth) - rs(1);
ey = rs(2)*sin(th34(:,2)*dth) + rs(3)*sin(th34(:,2)*dth) - rs(4)*sin(th34(:,3)*dth);
ee = norm([ex ey]);               % 计算误差矢量矩阵的范数(模)
%
% 输出2：四杆机构运动周期(0:5:360)，时间，X向误差分量，Y向误差分量
disp' 曲柄转角   时间(秒)   X向误差   Y向误差'
wc = [th34(:,1), t(:), ex(:,1), ey(:,1)];
disp(wc)
fprintf(1, ' 误差矢量矩阵的模    ee = %3.4f \n', ee)
%
% 绘制均方根相容性误差曲线
subplot(2,2,4)                    % 选择第4个子窗口
plot(t, ex(:,1), t, ey(:,1))
axis([0 0.026 -800 600])
grid                              % 网格线
title('均方根误差曲线')
xlabel('时间/s')
ylabel('均方根误差')
```

text(0.012, 350, 'X 向误差分量')

text(0.003, -600, 'Y 向误差分量')

曲柄转角　连杆转角　 -摇杆转角　 -连杆角速度　 -摇杆角速度　 -连杆加速度　 -摇杆加速度

1.0e +004 ∗

0	0.0044	0.0097	-0.0126	-0.0113	-0.0124	5.3555
0.0005	0.0042	0.0094	-0.0125	-0.0094	0.7204	5.9522
0.0010	0.0039	0.0092	-0.0122	-0.0073	1.3202	6.3066
…						
0.0355	0.0047	0.0099	-0.0124	-0.0130	-0.8320	4.5520

曲柄转角　　时间(s)　　X 向误差　　Y 向误差

0	0.0003	-299.3941	-378.2894
5.0000	0.0007	-371.8259	-330.4447
10.0000	0.0010	-447.4833	-267.2525
…			
355.0000	0.0251	-237.7617	-404.6036

矢量矩阵误差的模　 ee = 3454.3057

连杆机构的运动线图如图 5 -4 所示。

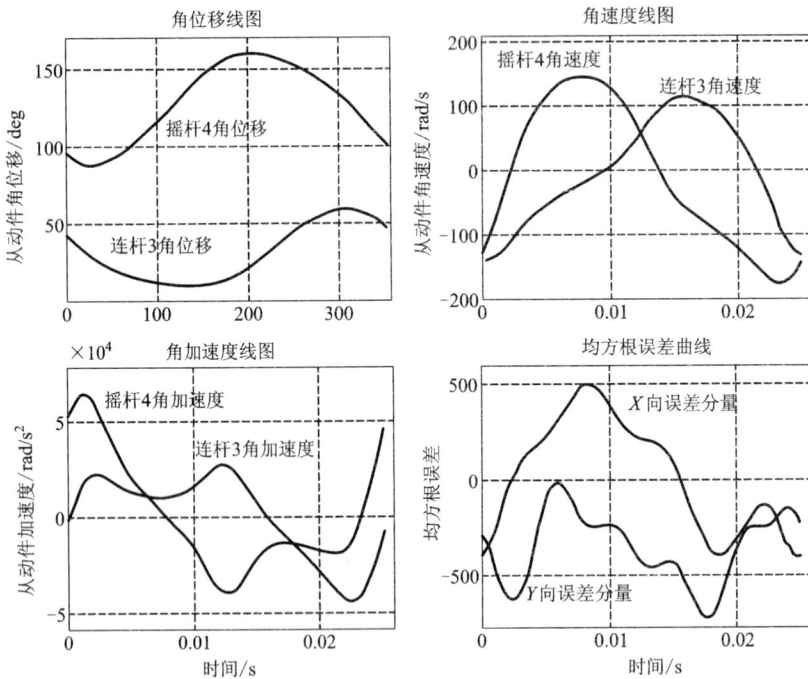

图 5 -4　连杆机构运动线图

5.4 对心直动凸轮机构压力角的计算

凸轮机构的压力角,是指在不考虑摩擦力的情况下,凸轮对从动件作用力的方向与从动件上力作用点的速度方向之间所夹的锐角,用 α 表示,如图 5-5 所示。压力角的大小,反映了机构传力性能的好坏,是机构设计的重要参数。由于凸轮机构在工作过程中,从动件与凸轮轮廓的接触点是变化的,各接触点处的公法线方向不同,使得凸轮对从动件的作用力的方向也不同,因此,凸轮轮廓上各点处的压力角是不同的。为使凸轮机构工作可靠、受力情况良好,必须对压力角加以限制。在设计凸轮机构时,应使最大压力角 α_{max} 不超过许用值 $[\alpha]$。用图解法或解析法设计出凸轮轮廓后,为了确保运动和传力性能,通常需对推程的轮廓各处压力角进行校核,检验其最大压力角是否在许用范围内。

从图 5-6 凸轮机构的速度三角形可知,$\tan\alpha = \dfrac{v_2}{\omega(r_b + s)}$,当运动规律确定后,式中的 v_2、s、ω 均为定值,基圆半径 r_b 越小,压力角 α 越大。基圆半径过小,会使压力角超过许用值,从而使机构传力性能差,甚至发生自锁。

综上所述,从改善凸轮机构的受力情况、提高效率、避免自锁的观点来看,压力角愈小愈好。但是从机构结构紧凑的观点来看,压力角越大越好。为了协调上述两个方面的矛盾,设计时通常要求在凸轮轮廓上的最大压力角 α_{max} 不超过许用值 $[\alpha]$ 的条件下,尽量采用较小的基圆半径。

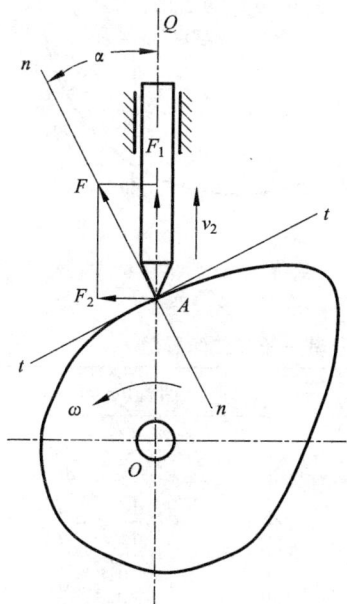

图 5-5 凸轮机构压力角

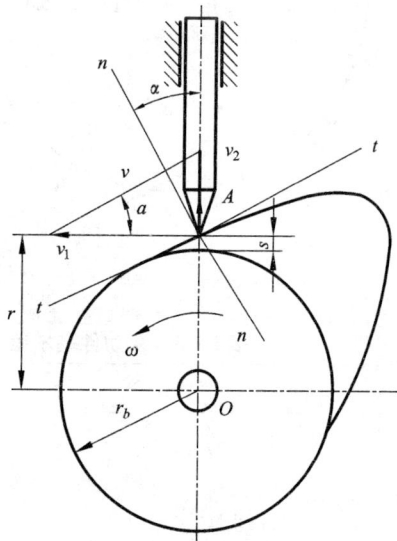

图 5-6 凸轮机构的速度分析

5.4.1 凸轮机构压力角的图解

对心直动凸轮机构某处的压力角,就是凸轮轮廓该处上法线与径向线所夹的锐角。用图解法检验凸轮轮廓线压力角时,受到 α_{max} 在廓线上位置判定误差、作出廓线该位置的法线误差(特别是在某段曲线端点处很难准确作出法线)和用量角器测量 α_{max} 的值等多个因素的影响,一般会产生较大检验误差。

如图 5-7 所示的诺模图给出几种基本运动规律许用压力角和基圆半径的关系,可以用于确定凸轮的基圆半径,或校核凸轮机构的最大压力角。

以上图解校核凸轮机构压力角是近似方法,都存在一定的误差。

5.4.2 凸轮机构压力角的计算

通过对几种基本运动规律位移方程及其导函数分析与计算(见表 5-3),得到凸轮轮廓线 α_{max} 的值及其在凸轮轮廓线上的位置角 ϕ_m 的计算公式(见表 5-4)。

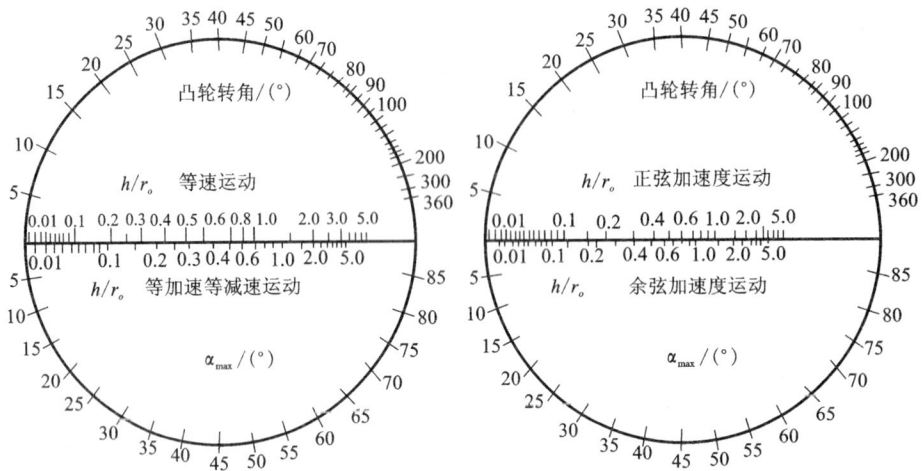

图 5-7 诺模图

表 5-3 从动件基本运动规律的位移方程及其一阶和二阶导数

	运动规律	推程($\varphi = 0 \sim \Phi$)	回程($\varphi = 0 \sim \Phi'$)
1	等速运动	$s = \dfrac{h}{\Phi}\varphi$ $\dfrac{ds}{d\varphi} = \dfrac{h}{\Phi}$ $\dfrac{d^2 s}{d\varphi^2} = 0$	$s' = h - \dfrac{h}{\Phi'}\varphi$ $\dfrac{ds'}{d\varphi} = -\dfrac{h}{\Phi'}$ $\dfrac{d^2 s'}{d\varphi^2} = 0$

续表 5 – 3

运动规律		推程($\varphi = 0 \sim \Phi$)	回程($\varphi = 0 \sim \Phi'$)
2	等加速运动 (推程 $\varphi = 0 \sim \Phi/2$) (回程 $\varphi = 0 \sim \Phi'/2$)	$s = \dfrac{2h}{\Phi^2}\varphi^2$ $\dfrac{\mathrm{d}s}{\mathrm{d}\varphi} = \dfrac{4h\varphi}{\Phi^2}$ $\dfrac{\mathrm{d}^2 s}{\mathrm{d}\varphi^2} = \dfrac{4h}{\Phi^2}$	$s' = h - \dfrac{2h}{\Phi'^2}\varphi^2$ $\dfrac{\mathrm{d}s'}{\mathrm{d}\varphi} = -\dfrac{4h\varphi}{\Phi'^2}$ $\dfrac{\mathrm{d}^2 s'}{\mathrm{d}\varphi^2} = -\dfrac{4h}{\Phi'^2}$
	等加速运动 推程($\varphi = 0 \sim \Phi/2$) 回程($\varphi = 0 \sim \Phi'/2$)	$s = h - \dfrac{2h}{\Phi^2}(\Phi - \varphi)^2$ $\dfrac{\mathrm{d}s}{\mathrm{d}\varphi} = \dfrac{4h(\Phi - \varphi)}{\Phi^2}$ $\dfrac{\mathrm{d}^2 s}{\mathrm{d}\varphi^2} = -\dfrac{4h}{\Phi^2}$	$s' = \dfrac{2h}{\Phi'^2}(\Phi' - \varphi)^2$ $\dfrac{\mathrm{d}s'}{\mathrm{d}\varphi} = -\dfrac{4h(\Phi' - \varphi)}{\Phi'^2}$ $\dfrac{\mathrm{d}^2 s'}{\mathrm{d}\varphi^2} = \dfrac{4h}{\Phi'^2}$
3	余弦加速度	$s = \dfrac{h}{2}\left(1 - \cos\dfrac{\pi}{\Phi}\varphi\right)$ $\dfrac{\mathrm{d}s}{\mathrm{d}\varphi} = \dfrac{\pi h}{2\Phi}\sin\dfrac{\pi}{\Phi}\varphi$ $\dfrac{\mathrm{d}^2 s}{\mathrm{d}\varphi^2} = \dfrac{\pi^2 h}{2\Phi^2}\cos\dfrac{\pi}{\Phi}\varphi$	$s' = \dfrac{h}{2}\left(1 + \cos\dfrac{\pi}{\Phi'}\varphi\right)$ $\dfrac{\mathrm{d}s'}{\mathrm{d}\varphi} = -\dfrac{\pi h}{2\Phi'}\sin\dfrac{\pi}{\Phi'}\varphi$ $\dfrac{\mathrm{d}^2 s'}{\mathrm{d}\varphi^2} = -\dfrac{\pi^2 h}{2\Phi'^2}\cos\dfrac{\pi}{\Phi'}\varphi$
4	正弦加速度	$s = h\left(\dfrac{\varphi}{\Phi} - \dfrac{1}{2\pi}\sin\dfrac{2\pi}{\Phi}\varphi\right)$ $\dfrac{\mathrm{d}s}{\mathrm{d}\varphi} = \dfrac{h}{\Phi}\left(1 - \cos\dfrac{2\pi}{\Phi}\varphi\right)$ $\dfrac{\mathrm{d}^2 s}{\mathrm{d}\varphi^2} = \dfrac{2\pi h}{\Phi^2}\sin\dfrac{2\pi}{\Phi}\varphi$	$s' = h\left(\dfrac{\varphi}{\Phi'} - \dfrac{1}{2\pi}\sin\dfrac{2\pi}{\Phi'}\varphi\right)$ $\dfrac{\mathrm{d}s'}{\mathrm{d}\varphi} = -\dfrac{h}{\Phi'}\left(1 - \cos\dfrac{2\pi}{\Phi'}\varphi\right)$ $\dfrac{\mathrm{d}^2 s'}{\mathrm{d}\varphi^2} = -\dfrac{2\pi h}{\Phi'^2}\sin\dfrac{2\pi}{\Phi'}\varphi$

注意：(1)回程与推程位移的关系是：$s' = h - s$。计算回程位移 s'、一阶导数 $\mathrm{d}s'/\mathrm{d}\varphi$ 和二阶导数 $\mathrm{d}^2 s'/\mathrm{d}\varphi^2$ 时，公式中凸轮转角取值范围是 $\varphi = 0 \sim \Phi'$。(2)计算凸轮回程理论轮廓坐标 x'、y' 和它们的一阶导数公式 $\mathrm{d}x'/\mathrm{d}\varphi$、$\mathrm{d}y'/\mathrm{d}\varphi$ 中 $\sin\varphi$、$\cos\varphi$ 的，凸轮转角取值范围是 $\varphi = (\Phi + \Phi_s) \sim (\Phi + \Phi_s + \Phi')$，其中 Φ_s 表示休止角。(3)表中的 Φ 表示推程运动角，Φ' 表示回程运动角，Φ_s 表示休止角。

表 5 – 4　凸轮廓线 $\alpha_{\max}$ 的值及其在凸轮廓线上的位置角 φ_m

序号	从动件运动规律		$\alpha_{\max}$ 在凸轮廓线的位置角 φ_m	$\alpha_{\max}$ 计算公式
1	等速		$\varphi_m = 0$	$\alpha_{\max} = \arctan\dfrac{k}{\Phi}$
2	等加速等减速	$k \leqslant 2$	$\varphi_m = \dfrac{\Phi}{2}$	$\alpha_{\max} = \arctan\dfrac{4k}{\Phi(2 + k)}$
		$k > 2$	$\varphi_m = \dfrac{\Phi}{\sqrt{2k}}$	$\alpha_{\max} = \arctan\dfrac{\sqrt{2k}}{\Phi}$
3	余弦加速度		$\varphi_m = \dfrac{\Phi}{\pi}\arccos\dfrac{k}{k + 2}$	$\alpha_{\max} = \arctan\dfrac{k\pi}{2\Phi}\dfrac{1}{\sqrt{1 + k}}$
4	正弦加速度		$\varphi_m = \dfrac{\Phi}{\pi}\mathrm{arcinv}\dfrac{\pi}{k}$	$\alpha_{\max} = \arctan\dfrac{k\left(1 - \cos\dfrac{2\pi\varphi_m}{\Phi}\right)}{\Phi + k\varphi_m - \dfrac{k\Phi}{2\pi}\sin\dfrac{2\pi\varphi_m}{\Phi}}$

注意：表中只讨论推程，φ_m 从凸轮推程轮廓线基圆起始位置反转计算，系数 $k = h/r_b$ 是从动件升程 h 与凸轮基圆半径 r_b 的比值。arcinv 表示反渐开线函数。

采用表 5 – 4 所列的公式，可以很方便地准确计算出对心直动凸轮轮廓最大压力角 α_{max} 的值，及其在凸轮轮廓上的位置角 φ_m，有助于凸轮机构的计算机辅助设计。

5.4.3 计算实例

设计一对心移动滚子从动件盘形凸轮机构，如图 5 – 8 所示，要求当凸轮转过推程运动角时 $\Phi = 45°$，从动件以简谐运动规律（余弦加速度）$h = 14$ mm 上升，限定凸轮机构的最大压力角为 $\alpha_{max} = 30°$。试确定凸轮最小基圆半径 r_b。

解： 从表中简谐运动规律时的 α_{max} 计算公式

$\alpha_{max} = \arctan \dfrac{k\pi}{2\Phi\sqrt{1+k}}$，将已知数据代入

得到 $2\dfrac{\pi}{4}\sqrt{1+k}\tan 30° = k\pi$

即 $4k^2 - 0.333k - 0.333 \approx 0$

解方程得到 $k = 0.333$，所以最小基圆半径

$$r_b = \frac{h}{k} = \frac{14}{0.333} \approx 42 \text{ mm}$$

根据表 5 – 1，α_{max} 在凸轮升程廓线上的位置角

$$\varphi_m = \frac{\Phi}{\pi}\arccos\frac{k}{k+2} = \frac{\pi/4}{\pi}\arc\frac{0.333}{2+0.333}$$
$$= 0.3569 \text{ rad} \approx 20.4°$$

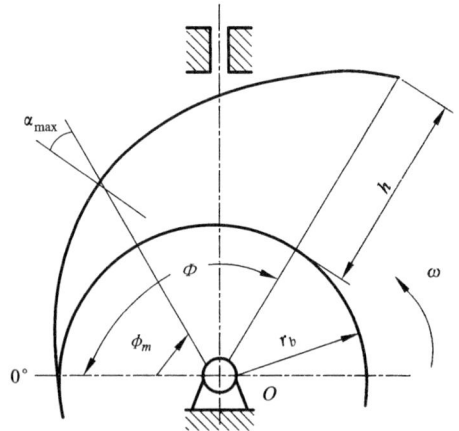

图 5 – 8　凸轮机构的最大压力角

5.4.4　M 文件和运算结果

% 对心直动凸轮机构压力角的计算

disp ''

disp '　　　＊＊＊＊＊＊＊＊ 对心直动凸轮机构压力角的计算 ＊＊＊＊＊＊＊＊'

disp ''

disp '　　　　　　　＝＝＝＝＝＝＝＝ 已 知 条 件 ＝＝＝＝＝＝＝＝'

disp ''

rb = input('　　　　　基圆半径(mm)　rb =');

h = input('　　　　　推程升程(mm)　h =');

k = h/rb; hd = pi/180;

fai = input('　　　　　推程运动角(度) fai =');

fprintf (1,'　　　　运动结构系数　k = ％3.4f \n', k)

YDGL = input('运动规律类型: 等速 – "ZX"; 等加减速 – "PW"; 余弦加速 – "JX"; 正弦加速 – "BX" == ');

disp ''

if YDGL == 'ZX'

92

```
        disp '            = = = = = = = = 等速运动(直线)规律 = = = = = = = ='
        fm = 0;
        alfm = atan( k/( fai * hd) );
    elseif YDGL = = 'PW'
        disp '            = = = = = = = = 等加减速运动(抛物线)规律 = = = = = = = ='
        if k < = 2
            fm = fai * hd/2;
            alfm = atan( 4 * k/( fai * hd * ( 2 + k) ) );
        elseif k > 2
            fm = fai * hd/sqrt( 2 * k);
            alfm = atan( sqrt( 2 * k)/( fai * hd) );
        end
    elseif YDGL = = 'JX'
        disp '          = = = = = = = = 余弦加速度运动(简谐曲线)规律 = = = = = = = ='
        fm = fai * hd * acos( k/( 2 + k) )/pi;
        alfm = atan( k * pi/( 2 * fai * hd * sqrt( 1 + k) ) );
    elseif YDGL = = 'BX'
        disp '            = = = = = = = = 正弦加速度运动(摆线)规律 = = = = = = = ='
        x = fsolve( @ TLYLJ, fai * hd/2);           % 使用 fsolve 求解渐开线函数方程
        fm = x/pi * ( fai * hd);
        alfm = atan( k * ( 1 − cos( 2 * pi * fm/( fai * hd) ) )/( fai * hd + k * fm − k * fai * hd * sin( 2 *
pi * fm/( fai * hd) )/( 2 * pi) ) );
    end
    fprintf ( 1 , '            最大压力角        alfm = % 3.4f 度 \n', alfm/hd)
    fprintf ( 1 , '    最大压力角的位置角        fm = % 3.4f 度 \n', fm/hd)
    % 压力角渐开线函数
    function f = TLYLJ( x)
    global k              % 定义全局变量
    f = tan( x) − x − pi/k;
```

```
              * * * * * * * * 对心直动凸轮机构压力角的计算 * * * * * * * *
                  = = = = = = = = 已 知 条 件 = = = = = = = =
        基圆半径(mm)        rb = 40
        推程升程(mm)        h = 35
        推程运动角(度)       fai = 100
        运动结构系数        k = 0.8750
                  = = = = = = = = 等速运动(直线)规律 = = = = = = = =
        最大压力角          alfm = 26.6264 度
        最大压力角的位置角  fm = 0.0000 度
```

$=======$ 等加减速运动(抛物线)规律 $=======$

最大压力角   alfm $=34.8963$ 度

最大压力角的位置角   fm $=50.0000$ 度

$=======$ 余弦加速度运动(简谐曲线)规律 $=======$

最大压力角   alfm $=29.9036$ 度

最大压力角的位置角   fm $=40.1561$ 度

$=======$ 正弦加速度运动(摆线)规律 $=======$

最大压力角   alfm $=35.8673$ 度

最大压力角的位置角   fm $=41.8677$ 度

5.5   凸轮轮廓的设计计算与绘制

    凸轮机构在各种机械自动控制装置中已获得广泛的应用。凸轮机构设计的基本要求是保证从动件实现预期的运动规律，并且使机构具有良好的传力性能和紧凑的结构。采用解析法设计时需要进行大量的分析和计算，以及绘制凸轮轮廓图形，借助 MATLAB 功能强大的数值计算功能和出色的数据可视化功能，可以方便可靠地实现凸轮机构设计。

5.5.1   基本流程和数学模型

1. 凸轮机构设计的基本流程

    (1)输入凸轮结构参数(如凸轮基圆半径 r_b、滚子半径 r_t、偏置移动从动件的偏距 e、从动件最大位移 h、凸轮推程运动角 φ_0、远休止角 φ_s 和回程运动角 φ'_0 等)。

    (2)计算凸轮结构在推程的最大压力角 α_{max} 和理论轮廓上最小曲率半径 ρ_{min}，使其不超过规定的许用值 $[\alpha]$ 和 $[\rho]$。

    (3)计算凸轮的理论轮廓和实际轮廓坐标值。

    (4)绘制凸轮轮廓图形。

2. 建立数学模型

    以典型的偏置移动从动件盘形凸轮机构设计为例，凸轮理论轮廓的直角坐标方程式为

$$\begin{cases} x = (s + s_0)\sin\varphi + e\cos\varphi \\ y = (s + s_0)\cos\varphi - e\sin\varphi \end{cases}$$

式中：φ 是凸轮转角，s 是从动件位移，$s_0 = \sqrt{r_b^2 - e^2}$ 是结构常数。

    凸轮实际轮廓的直角坐标方程式为

$$\begin{cases} x' = x + r_t \dfrac{(\mathrm{d}x/\mathrm{d}\varphi)}{\sqrt{(\mathrm{d}x/\mathrm{d}\varphi)^2 + (\mathrm{d}y/\mathrm{d}\varphi)^2}} \\ x' = y - r_t \dfrac{(\mathrm{d}y/\mathrm{d}\varphi)}{\sqrt{(\mathrm{d}x/\mathrm{d}\varphi)^2 + (\mathrm{d}y/\mathrm{d}\varphi)^2}} \end{cases}$$

    凸轮理论轮廓的机构压力角

$$\tan\alpha = \frac{(\mathrm{d}s/\mathrm{d}\varphi) - e}{s_0 + s}$$

    凸轮理论轮廓的曲率半径

$$\rho = \frac{\left[\,(\mathrm{d}x/\mathrm{d}\varphi)^2 + (\mathrm{d}y/\mathrm{d}\varphi)^2\,\right]^{3/2}}{(\mathrm{d}x/\mathrm{d}\varphi)(\mathrm{d}^2y/\mathrm{d}\varphi^2) - (\mathrm{d}y/\mathrm{d}\varphi)(\mathrm{d}^2x/\mathrm{d}\varphi^2)}$$

$$= \frac{\left[\,(s+s_0)^2 + (\mathrm{d}s/\mathrm{d}\varphi)^2\,\right]^{3/2}}{(s+s_0)(\mathrm{d}^2s/\mathrm{d}\varphi^2 - s - s_0) - \left[\,\mathrm{d}s/\mathrm{d}\varphi - e(2\mathrm{d}s/\mathrm{d}\varphi - e)\,\right]}$$

以上方程中，凸轮轮廓直角坐标的一阶和二阶导函数是

$$\begin{cases} \mathrm{d}x/\mathrm{d}\varphi = \left[\,(\mathrm{d}s/\mathrm{d}\varphi) - e\,\right]\sin\varphi + (s+s_0)\cos\varphi \\ \mathrm{d}y/\mathrm{d}\varphi = \left[\,(\mathrm{d}s/\mathrm{d}\varphi) - e\,\right]\cos\varphi - (s+s_0)\sin\varphi \end{cases}$$

$$\begin{cases} \mathrm{d}^2x/\mathrm{d}\varphi^2 = \left[\,2(\mathrm{d}s/\mathrm{d}\varphi) - e\,\right]\cos\varphi + \left[\,(\mathrm{d}^2s/\mathrm{d}\varphi^2) - s - s_0\,\right]\sin\varphi \\ \mathrm{d}^2y/\mathrm{d}\varphi^2 = -\left[\,2(\mathrm{d}s/\mathrm{d}\varphi) - e\,\right]\sin\varphi + \left[\,(\mathrm{d}^2s/\mathrm{d}\varphi^2) - s - s_0\,\right]\cos\varphi \end{cases}$$

因此采用解析法设计凸轮轮廓，需要根据给定的从动件运动规律 $s = f(\varphi)$ 推导出对应的一阶导函数 $\mathrm{d}s/\mathrm{d}\varphi$ 和二阶导函数 $\mathrm{d}^2s/\mathrm{d}\varphi^2$（参考表 5-2），然后代入到上述各式中进行计算。

5.5.2 M 文件的编制和运行结果

在编制凸轮轮廓图形处理程序时需要注意：①图形中含有理论轮廓、实际轮廓、基圆和滚子圆等多种线图，为了能够在同一个图形窗口中同时显示它们，应采用 hold on 命令。②为了避免通常在 MATLAB 图形窗口中二维坐标轴的比例不同而造成显示的图形失真，应采用 axis equal 命令使二维坐标轴的比例相等。③可以采用 text 命令和 title 命令对图形和图题进行标注，在绘制 plot 命令中还可以采用不同颜色、线型参数描绘不同线图，以增加图形的直观性。

对于其他形式的凸轮机构，或者从动件的不同运动规律，只要建立对应的数学模型，并且代入到编制 MATLAB 的 M 文件中去，就可以通过计算机运算，在满足机构具有良好的传力性能和紧凑的结构的前提下，迅速获得可靠的精确结果，绘制出对应的直观清晰的凸轮轮廓，并且还可以给出数控加工凸轮轮廓的刀具直角坐标轨迹，提高对凸轮机构采用 CAD/CAM 技术辅助的综合功能。

```
disp'        ＊＊＊＊＊＊＊＊ 偏置移动从动件盘形凸轮设计 ＊＊＊＊＊＊＊＊＊'
disp'已知条件：'
disp'        凸轮作逆时针方向转动，从动件偏置在凸轮轴心的右边'
disp'        从动件在推程作等加速/等减速运动，在回程作余弦加速度运动'
rb = 40；rt = 10；e = 15；h = 50；ft = 100；fs = 60；fh = 90；alp = 35；
fprintf (1，'基圆半径          rb = %3.4f mm \n'，rb)
fprintf (1，'滚子半径          rt = %3.4f mm \n'，rt)
fprintf (1，'推杆偏距          e = %3.4f mm \n'，e)
fprintf (1，'推程升程          h = %3.4f mm \n'，h)
fprintf (1，'推程运动角        ft = %3.4f 度 \n'，ft)
fprintf (1，'远休止角          fs = %3.4f 度 \n'，fs)
fprintf (1，'回程运动角        fh = %3.4f 度 \n'，fh)
fprintf (1，'推程许用压力角    alp = %3.4f 度 \n'，alp)
hd = pi/180；du = 180/pi；
```

```
se = sqrt( rb^2 - e^2 ) ;
d1 = ft + fs ; d2 = ft + fs + fh ;
disp ''
disp '计算过程和输出结果：'
disp '1 - 计算凸轮理论轮廓的压力角和曲率半径'
disp '   1 - 1 推程(等加速/等减速运动)'
s = zeros( ft ) ; ds = zeros( ft ) ; d2s = zeros( ft ) ;
at = zeros( ft ) ; atd = zeros( ft ) ; pt = zeros( ft ) ;
for f = 1 : ft
    if f < = ft/2
        s( f ) = 2 * h * f^2/ft^2 ; s = s( f ) ;
        ds( f ) = 4 * h * f * hd/( ft * hd )^2 ; ds = ds( f ) ;
        d2s( f ) = 4 * h/( ft * hd )^2 ; d2s = d2s( f ) ;
    else
        s( f ) = h - 2 * h * ( ft - f )^2/ft^2 ; s = s( f ) ;
        ds( f ) = 4 * h * ( ft - f ) * hd/( ft * hd )^2 ; ds = ds( f ) ;
        d2s( f ) = - 4 * h/( ft * hd )^2 ; d2s = d2s( f ) ;
    end
    at( f ) = atan( abs( ds - e )/( se + s ) ) ; atd( f ) = at( f ) *  du ;
    p1 = ( ( se + s )^2 + ( ds - e )^2 )^1.5 ;
    p2 = abs( ( se + s ) * ( d2s - se - s ) - ( ds - e ) * ( 2 * ds - e ) ) ;
    pt( f ) = p1/p2 ; p = pt( f ) ;
end
atm = 0 ;
for f = 1 : ft
    if atd( f ) > atm
        atm = atd( f ) ;
    end
end
fprintf ( 1 , '        最大压力角        atm = %3.4f 度 \n', atm )
for f = 1 : ft
    if abs( atd( f ) - atm ) < 0.1
        ftm = f ; break
    end
end
fprintf ( 1 , '        对应的位置角      ftm = %3.4f 度 \n', ftm )
if atm > alp
    fprintf ( 1 , '        * 凸轮推程压力角超过许用值，需要增大基圆！ \n' )
end
```

96

```
ptn = rb + h;
for f = 1:ft
    if pt(f) < ptn
        ptn = pt(f);
    end
end
fprintf (1,'        轮廓最小曲率半径        ptn = %3.4f mm\n', ptn)
for f = 1:ft
    if abs(pt(f) - ptn) < 0.1
        ftn = f; break
    end
end
fprintf (1,'          对应的位置角        ftn = %3.4f 度\n', ftn)
if ptn < rt + 5
    fprintf (1,'    * 凸轮推程轮廓曲率半径小于许用值,需要增大基圆或减小滚子! \n')
end
disp '    1 - 2 回程(余弦加速度运动)'
s = zeros(fh); ds = zeros(fh); d2s = zeros(fh);
ah = zeros(fh); ahd = zeros(fh); ph = zeros(fh);
for f = d1:d2
    k = f - d1;
    s(f) = .5 * h * (1 + cos(pi * k/fh)); s = s(f);
    ds(f) = - .5 * pi * h * sin(pi * k/fh)/(fh * hd); ds = ds(f);
    d2s(f) = - .5 * pi^2 * h * cos(pi * k/fh)/(fh * hd)^2; d2s = d2s(f);
    ah(f) = atan(abs(ds + e)/(se + s)); ahd(f) = ah(f) * du;
    p1 = ((se + s)^2 + (ds - e)^2)^1.5;
    p2 = abs((se + s) * (d2s - se - s) - (ds - e) * (2 * ds - e));
    ph(f) = p1/p2; p = ph(f);
end
ahm = 0;
for f = d1:d2
    if ahd(f) > ahm;
        ahm = ahd(f);
    end
end
fprintf (1,'        最大压力角                ahm = %3.4f 度\n', ahm)
for f = d1:d2
    if abs(ahd(f) - ahm) < 0.1
        fhm = f; break
```

```
            end
    end
    fprintf (1, '                对应的位置角      fhm = %3.4f 度\n', fhm)
    phn = rb + h;
    for f = d1 : d2
        if ph( f ) < phn
            phn = ph( f );
        end
    end
    fprintf (1, '              轮廓最小曲率半径      phn = %3.4f mm\n', phn)

    for f = d1 : d2
        if abs( ph( f ) − phn ) < 0. 1
            fhn = f; break
        end
    end
    fprintf (1, '                对应的位置角      fhn = %3.4f 度\n', fhn)
    if phn < rt + 5
        fprintf (1, '    * 凸轮回程轮廓曲率半径小于许用值, 需要增大基圆或减小滚子! \n')
    end
    disp ' 2 − 计算凸轮理论廓线与实际廓线的直角坐标'
    n = 360;
    s = zeros( n ); ds = zeros( n ); r = zeros( n ); rp = zeros( n );
    x = zeros( n ); y = zeros( n ); dx = zeros( n ); dy = zeros( n );
    xx = zeros( n ); yy = zeros( n ); xp = zeros( n ); yp = zeros( n );
    xxp = zeros( n ); yyp = zeros( n );
    for f = 1 : n
        if f < = ft/2
            s( f ) = 2 * h * f^2/ft^2; s = s( f );
            ds( f ) = 4 * h * f * hd/( ft * hd )^2; ds = ds( f );
        elseif f > ft/2 & f < = ft
            s( f ) = h − 2 * h * ( ft − f )^2/ft^2; s = s( f );
            ds( f ) = 4 * h * ( ft − f ) * hd/( ft * hd )^2; ds = ds( f );
        elseif f > ft & f < = d1
            s = h; ds = 0;
        elseif f > d1 & f < = d2
            k = f − d1;
            s( f ) = . 5 * h * ( 1 + cos( pi * k/fh ) ); s = s( f );
            ds( f ) = − . 5 * pi * h * sin( pi * k/fh )/( fh * hd ); ds = ds( f );
```

98

```matlab
    elseif f > d2 & f < = n
        s = 0; ds = 0;
    end
    xx(f) = (se + s) * sin(f * hd) + e * cos(f * hd); x = xx(f);
    yy(f) = (se + s) * cos(f * hd) - e * sin(f * hd); y = yy(f);
    dx(f) = (ds - e) * sin(f * hd) + (se + s) * cos(f * hd); dx = dx(f);
    dy(f) = (ds - e) * cos(f * hd) - (se + s) * sin(f * hd); dy = dy(f);
    xp(f) = x + rt * dy/sqrt(dx^2 + dy^2); xxp = xp(f);
    yp(f) = y - rt * dx/sqrt(dx^2 + dy^2); yyp = yp(f);
    r(f) = sqrt (x^2 + y^2);
    rp(f) = sqrt (xxp^2 + yyp^2);
end
disp '    2 - 1 推程(等加速/等减速运动)'
disp ' 凸轮转角    理论 x    理论 y    实际 x    实际 y'
for f = 10:10:ft
    nu = [f xx(f) yy(f) xp(f) yp(f)];
    disp(nu)
end
disp '    2 - 2 回程(余弦加速度运动)'
disp ' 凸轮转角    理论 x    理论 y    实际 x    实际 y'
for f = d1:10:d2
    nu = [f xx(f) yy(f) xp(f) yp(f)];
    disp(nu)
end


disp '    2 - 3 凸轮轮廓向径'
disp '    凸轮转角    理论 r    实际 r'
for f = 10:10:n
    nu = [f r(f) rp(f)];
    disp(nu)
end
disp '绘制凸轮的理论轮廓和实际轮廓: '
plot(xx, yy, 'r - .')                              % 理论轮廓(红色,点画线)
axis ([ -(rb + h - 10)(rb + h + 10) -(rb + h + 10)(rb + rt + 10)])  % 横轴和纵轴的下限和上限
axis equal                                         % 横轴和纵轴的尺度比例相同
text(rb + h + 3, 0, 'X')                           % 标注横轴
text(0, rb + rt + 3, 'Y')                          % 标注纵轴
text( -5, 5, 'O')                                  % 标注直角坐标系原点
title('偏置移动从动件盘形凸轮设计')                  % 标注图形标题
```

```
hold on;                                              % 保持图形
plot([-(rb+h) (rb+h)],[0 0],'k')                      % 横轴(黑色)
plot([0 0],[-(rb+h) (rb+rt)],'k')                     % 纵轴(黑色)
plot([e e],[0 (rb+rt)],'k--')                         % 初始偏置位置(黑色,虚线)
ct = linspace(0,2*pi);                                % 画圆的极角变化范围
plot(rb*cos(ct),rb*sin(ct),'g')                       % 基圆(绿色)
plot(e*cos(ct),e*sin(ct),'c--')                       % 偏距圆(蓝绿色,虚线)
plot(e + rt*cos(ct),se + rt*sin(ct),'y')              % 滚子圆(黄色)
plot(xp,yp,'b')                                        % 实际轮廓(蓝色)
```

********* 偏置移动从动件盘形凸轮设计 *********

已知条件:

凸轮作逆时针方向转动,从动件偏置在凸轮轴心的右边

从动件在推程作等加速/等减速运动,在回程作余弦加速度运动

基圆半径	$rb = 40.0000$ mm
滚子半径	$rt = 10.0000$ mm
推杆偏距	$e = 15.0000$ mm
推程升程	$h = 60.0000$ mm
推程运动角	$ft = 100.0000$ 度
远休止角	$fs = 60.0000$ 度
回程运动角	$fh = 90.0000$ 度
推程许用压力角	$alp = 35.0000$ 度

计算过程和输出结果:

1 - 计算凸轮理论轮廓的压力角和曲率半径

1 - 1 推程(等加速/等减速运动)

最大压力角　　　　$atm = 38.7067$ 度

　　对应的位置角　$ftm = 50.0000$ 度

　* 凸轮回程轮廓曲率半径小于许用值,需要增大基圆或减小滚子!

轮廓最小曲率半径　$ptn = 34.9488$ mm

　　对应的位置角　$ftn = 8.0000$ 度

1 - 2 回程(余弦加速度运动)

最大压力角　　　　$ahm = 36.0654$ 度

　　对应的位置角　$fhm = 213.0000$ 度

轮廓最小曲率半径　$phn = 22.4584$ mm

　　对应的位置角　$fhn = 250.0000$ 度

2 - 计算凸轮理论廓线与实际廓线的直角坐标

2 - 1 推程(等加速/等减速运动)

凸轮转角	理论 x	理论 y	实际 x	实际 y
10.0000	21.4195	35.0947	19.3628	25.3085
20.0000	28.4195	34.2250	27.8301	24.2423

100

...

| 100.0000 | 93.0014 | −31.6301 | 83.5340 | −28.4102 |

2−2 回程(余弦加速度运动)

凸轮转角	理论 x	理论 y	实际 x	实际 y
160.0000	19.1083	−96.3566	17.1631	−86.5476
170.0000	1.7717	−96.4291	3.5850	−86.5949

...

| 250.0000 | −39.9750 | 1.4129 | −29.9813 | 1.0597 |

2−3 凸轮轮廓向径

凸轮转角	理论 r	实际 r
10.0000	41.1149	31.8659
20.0000	44.4861	36.9081

...

| 360.0000 | 40.0000 | 30.0000 |

绘制的凸轮轮廓如图 5−9 所示,其中点画线部分为理论轮廓,实线部分为实际轮廓。

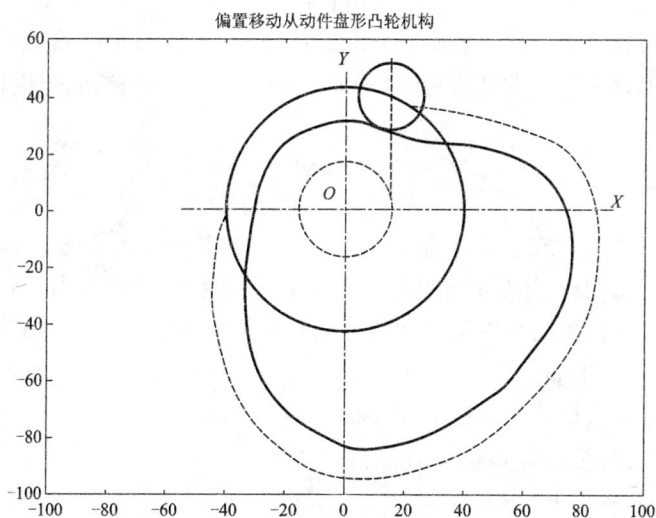

图 5−9　凸轮轮廓的绘制

5.6　盘形凸轮的 CAD

　　传统的盘形凸轮设计主要有图解法和解析法,加工方法有手工画线加工和数控铣削加工,大批量生产亦可采用仿形铣。图解法直观、简单,但是手工作图选取的等分数有限、精度差。以此为基础的手工画线加工的精度和加工表面精度都比较低。解析法设计虽然解决了凸轮精度问题,但要得到完整的凸轮轮廓曲线就要编制复杂的程序。尤其在滚子推杆盘形凸轮设计中,对于理论轮廓曲线的等距线的编程更为复杂,以此为基础的数控铣床加工也就同样存在着编程复杂的问题,因此它的应用也就受到了很大的限制。利用 CAD 软件的强大计算和作图功能，可以十分方便地进行凸轮的基本参数的优化计算和凸轮廓形的精确绘制，且精度好效率高。本节介绍了利用 MATLAB 计算软件对凸轮的基圆半径 r_0 以及滚子半径 r_r 的优化设计。

CAXA – 电子图板(下称 EB)是一个通用的二维 CAD 软件，它有一个很好的功能——画公式曲线，只要在公式曲线的对话框中填入曲线公式及相关参数就可以画出曲线，很容易地完成凸轮廓形曲线的设计，而无须任何形式的语言编程。下面介绍设计盘形凸轮的过程，其中的所有作图过程完全是在 EB 上交互作图完成。而 MATLAB 软件有着很强大的计算功能，并且很复杂的数学计算在这里都变得非常简单。若已知推杆运动规律 S、最大行程 h 或 φ_{max} 以及升程许用压力角 $[\alpha_1]$，设计盘形凸轮轮廓有两个步骤：先要利用 MATLAB 软件确定凸轮基圆半径最小值 r_{0min} 以及滚子半径最大值 r_{rmax}，从而设计出合理的 r_0 和 r_r。然后再利用 *EB* 设计凸轮轮廓形状。

5.6.1 盘形凸轮基圆半径以及滚子半径的确定

已知基圆半径的计算公式

$$r_0 \geqslant \sqrt{\left(\frac{\mathrm{d}s/\mathrm{d}\delta - e}{\tan[\alpha]} - s\right)^2 + e^2} \tag{5-15}$$

式中 $S = S(\delta)$ 为推杆的位移方程。要确定 r_0 就要由公式(5 – 15)求得 r_{0min}。

若可写出凸轮的理论轮廓曲线方程 $x = x(\delta)$，$y = y(\delta)$。则凸轮的理论轮廓曲线曲率计算公式为

$$\rho = \frac{[x'^2(\delta) + y'^2(\delta)]^{3/2}}{|x'(\delta)y''(\delta) - x''(\delta)y'(\delta)|} \tag{5-16}$$

要使滚子推杆凸轮不失真，必须满足 $r_r \geqslant \rho_{min}$。这就需要由公式(5 – 16)求出 ρ_{min}。

公式(5 – 15)、(5 – 16)由人工计算是比较难的，这里我们采用 MATLAB 计算软件则十分方便，以下为假定推程运动为正弦运动的直动推杆盘形凸轮所编写的 MATLAB 的 M 文件：

```
% Filename：tulunshj1. m
t0 = input('请输入凸轮推程运动角 delta0 =');
t = input('请输入凸轮转角 delta =');
e = input('请输入偏距 e =');
h = input('请输入推杆行程 h =');
s = h. * (t/t0 - (sin(2 * pi. * t/t0))/2 * pi);   % 推杆运动规律
ds = h/t0. * (1 - cos(2 * pi. * t/t0));
dds = 2 * pi * h/t0^2. * sin(2 * pi. * t/t0);
a0 = input('请输入许用压力角 [alpha] =');
r0h = sqrt(((ds - e)/tan(a0) - s). ^2 + e^2);   % 基圆半径计算公式
r0m = min(r0h)   % 基圆半径最小值
r0 = input('请输入凸轮基圆半径 r0 =');
s0 = sqrt((r0)^2 - (e)^2);
x = (s0 + s). * sin(t) + e. * cos(t);
y = (s0 + s). * cos(t) - e. * sin(t);   % 凸轮理论轮廓曲线方程
```

$$dx = (ds - e). * \sin(t) + (s0 + s). * \cos(t);$$

$$dy = (ds - e). * \cos(t) - (s0 + s). * \sin(t);$$

$$ddx = (dds - s0 - s). * \sin(t) + (2 * ds - e). * \cos(t);$$

$$ddy = (dds - s0 - s). * \cos(t) - (2 * ds - e). * \sin(t);$$

$$rho = (dx.\hat{\ }2 + dy.\hat{\ }2).\hat{\ }1.5./abs(ddy. * dx - ddx. * dy); \% 凸轮理论轮廓曲率半径$$

$$rrm = \min(rho) \% 凸轮理论轮廓曲率半径最小值，即滚子半径的最大值$$

通过以上程序的运行就可得到 r_{0min}，根据实际情况确定 r_0，然后再得出 ρ_{min}，相应地得出 r_r。以上程序如果运动规律不同就要改变程序中 $S = S(t)$，相应地改变 $ds = dS/dt$，$dds = d^2S/dt^2$ 即可。如果推杆的形状或运动方式不同则改变 $x = x(t)$，$y = y(t)$，相应的改变 dx、dy、ddx、ddy。另外程序中的 t 也就是公式$(5-15)$、$(5-16)$ 中的 δ。

5.6.2　设计凸轮轮廓曲线

当确定了凸轮基圆半径 r_0 和滚子半径 r_r，并已知推杆运动规律及盘形凸轮轮廓曲线的解析公式，就可用 *EB* 中的公式曲线功能来画出凸轮轮廓曲线。

1. 直动滚子推杆盘形凸轮设计

先作出滚子中心的理论轮廓曲线。

$$X = (S_0 + S)\sin\delta + e \cdot \cos\delta$$

$$Y = (S_0 + S)\cos\delta + e \cdot \sin\delta$$

其中，因为工作廓线与理论廓线在法线方向的距离处处相等，且等于滚子半径，那么工作廓线为理论廓线的等距线。这样一来，在 *EB* 中作出理论廓线，再用 *EB* 中的画等距线的功能画出工作廓线（距离为 r_r），则完成了该凸轮的轮廓曲线设计。

2. 对心平底推杆（平底与推杆轴线垂直）盘形凸轮设计

根据反转法作图法可知，推杆平底与凸轮切点的轨迹为凸轮的轮廓曲线。此时，平面凸轮机构压力角与凸轮的基圆半径及从动件的运动规律无关。基圆半径由实际工作情况决定，其廓形曲线的解析方程为：

$$X = (r_0 + s)\sin\delta + (dS/d\delta)\cos\delta$$

$$Y = (r_0 + s)\cos\delta - (dS/d\delta)\sin\delta$$

式中 $S = S(\delta)$。另外平底推杆长度 $l = l_{max} + (5 \sim 7)\,mm$，其中 $l_{max} = |dS/d\delta|_{max}$ 可利用 MATLAB 计算软件非常容易的求得。

3. 摆动滚子推杆盘形凸轮设计

已知摆杆的长度 L，摆杆运动规律 $\varphi = \varphi(\delta)$。先由上述方法确定基圆 r_0 以及中心距 a。然后作出滚子中心 B 点的理论轮廓曲线，曲线方程如下：

$$X = a \cdot \sin\delta - L \cdot \sin(\delta + \varphi + \varphi_0)$$

$$Y = a \cdot \cos\delta - L \cdot \cos(\delta + \varphi + \varphi_0)$$

利用 *EB* 绘出理论廓线后，用 MATLAB 与实际工作需要所确定的滚子半径 r_r 数值，做它的等距线，则为此凸轮的实际轮廓曲线。有了凸轮廓形曲线之后，再进行其结构设计及尺寸标注等工作就完成了凸轮设计。

5.6.3 实例

设计一偏置直动滚子推杆盘形凸轮机构。凸轮角速度 $\omega_1 = 1$ rad/s，逆时针转向，推杆最大行程 $h = 15$ mm，偏距 $e = 20$ mm，凸轮推程运动角 $\delta_0 = 120°$，运动规律为正弦运动，远休止角 $\delta_{01} = 60°$，凸轮回程运动规律为余弦运动，回程运动角度 $\delta_h = 120°$，近休止角 $\delta_{02} = 60°$，许用压力角 $[\alpha_1] = 30°$。

1. 确定理论轮廓曲线的基圆半径和滚子半径

利用 MATLAB 编写的 M 文件进行计算如下：

```
>> tulunshj1
请输入凸轮推程运动角 delta0 = 2 * pi/3
请输入凸轮转角 delta = 0：0.01 * pi：t0
请输入偏距 e = 20
请输入推杆行程 h = 15
请输入许用压力角［alpha］= pi/6
r0m =
    20.0042
请输入凸轮基圆半径 r0 = 30
rrm =
    16.4840
```

最后取 $r_0 = 30$ mm，$r_r = 5$ mm。

2. 作凸轮的轮廓曲线

凸轮的理论轮廓曲线方程为分段方程。

推程：$X = \{22.36 + 15[(3\delta/2\pi) - \sin(3\delta)/2\pi]\}\sin\delta + 20\cos\delta$

$Y = \{22.36 + 15[(3\delta/2\pi) - \sin(3\delta)/2\pi]\}\cos\delta - 20\sin\delta$

式中 $0 \leqslant \delta \leqslant 2\pi/3$。

回程：$X = \{22.36 + 15[1 + \cos(3(\delta - \pi)/2)]/2\}\sin\delta + 20\cos\delta$

$Y = \{22.36 + 15[1 + \cos(3(\delta - \pi)/2)]/2\}\cos\delta - 20\sin\delta$

式中 $\pi \leqslant \delta \leqslant 5\pi/3$。

远、近休止部分为两段以 O 为圆心的圆弧曲线。最后在 EB 中作出凸轮实际轮廓曲线（如图 5-10所示）。

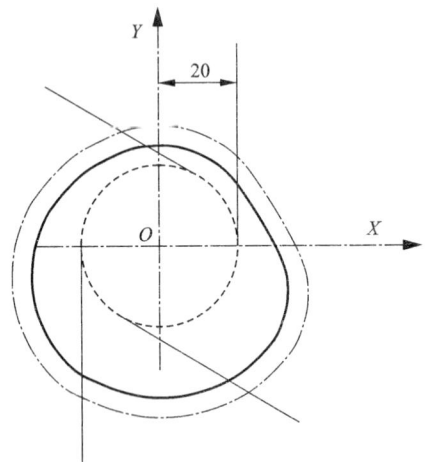

图 5-10 凸轮实际轮廓曲线

5.7 渐开线齿轮的 CAD

已知齿轮模数 m、齿轮齿数 z、分度圆压力角 α、齿顶高系数 h_a^*、顶隙系数 C^*、齿轮变

位系数 x，且为等变位齿轮传动。用中文电子图版 CAXA（以下简称 EB）进行渐开线齿轮检验样板设计的方法如下。

（1）如图 5 - 11（a）所示，在直角坐标系下，以原点为圆心分别作出齿顶圆、分度圆、基圆、齿根圆。各圆直径分别为：

$$d_a = mz + 2(h_a^* + x)m$$
$$d = mz$$
$$d_b = mz\cos a$$
$$d_f = mz - 2(h_a^* + c^* - x)m$$

（2）应用 EB 中的绘制公式曲线的功能绘制渐开线，渐开线方程为：

$$x = \frac{1}{2}mz\cos a(\sin t - t\cos t)$$
$$y = \frac{1}{2}mz\cos a(\cos t + t\sin t)$$

式中：t 为渐开线在任意一点 K 的滚动角，它等于 K 点的展角 θ_k 与 K 点压力角 α_k 之和。即 $t = \theta_k + \alpha_k$。公式中 α、t 均为弧度。为了能够完整地画出一个齿轮渐开线齿廓，t 的范围应适当取大一些，可取 $0 < t < 1$。渐开线从基圆上 A 点起始且与齿顶圆交于 B 点，然后将齿顶圆以外的渐开线剪掉。

（3）由于基圆内部没有渐开线，基圆与齿根圆之间的齿廓为圆弧过渡，所以用 EB 的圆弧过渡功能进行渐开线与齿根圆之间的圆弧过渡，圆弧半径 $\rho = 0.38\,m$。这样一来，就得到了一侧完整的齿廓。

（4）求出基圆齿厚所对应的圆心角 $\angle AOA_0$。

$$\angle AOA_0 = \frac{\pi + 4x\tan\alpha + 2zinv\alpha}{z} \cdot \frac{180°}{\pi}$$

作 $\angle AOA_0$ 的角平分线 On，将所作出的整个齿轮侧以 On 为轴做镜像拷贝。把不需要的线条裁减掉，就作出一个完整的齿轮。

（5）利用 EB 的阵列功能，将整个齿轮绕原点在360°的圆周上做圆形阵列，阵列的个数为齿数 z。这样就完成了整个渐开线齿轮齿廓的设计与绘制，如图 5 - 11（b）所示。

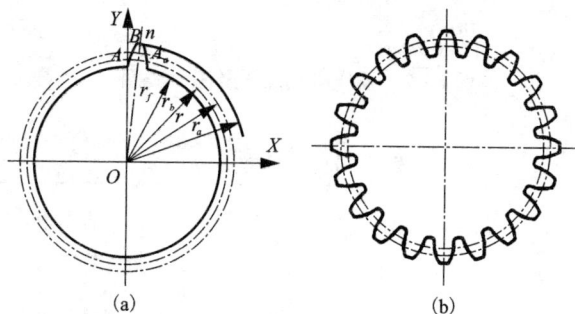

图 5 - 11　渐开线齿轮的绘制

第6章
机械原理课程设计题目

6.1 插床

1. 机构简介与设计数据

用插刀对工件作垂直相对直线往复运动的切削加工方法称为插削加工。插削在插床上进行，可以看作是"立式刨床"加工，主要用于加工单件小批生产中零件某些内表面，也可以加工某些外表面。插床主要由齿轮机构、导杆机构和凸轮机构等组成，如图 $6-1$(a)所示。电动机经过减速装置使曲柄 1 转动，再通过导杆机构 $1-2-3-4-5-6$，使装有刀具的滑块沿导路 $y-y$ 作往复运动，以实现刀具切削运动。为了缩短空程时间，提高生产率，要求刀具有急回运动。刀具与工作台之间的进给运动，是由固结于轴 O_2 上的凸轮驱动摆动从动杆 O_4D 和其他有关机构来完成的。设计数据见表 $6-1$。

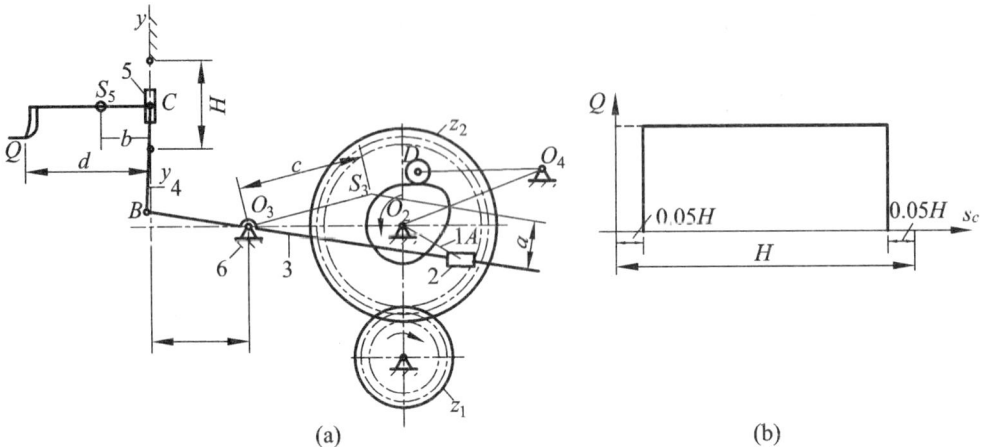

图 6-1 插床机构简图及阻力线图

表 6-1 设计数据表

设计内容	导杆机构的设计及运动分析								凸轮机构的设计						
符号	n_1	K	H	$\dfrac{l_{BC}}{l_{O_3B}}$	$l_{O_2O_3}$	a	b	c	$\psi_{\max}$	$[\alpha]$	l_{O_4D}	Φ	Φ_s	Φ'	从动杆加速度规律
单位	r/min		mm		mm				°		mm	°			
数据	60	2	100	1	150	50	50	125	15	40	125	60	10	60	等加速等减速

106

续表 6 – 1

设计内容	齿轮机构的设计				导杆机构的动态静力分析及飞轮转动惯量的确定					
符号	z_1	z_2	m	α	G_3	G_5	J_{s_3}	d	Q	δ
单位			mm	°	N		kg·m²	mm	N	
数据	13	40	8	20	160	320	0.14	120	1000	1/25

2. 设计内容

1）导杆机构的设计及运动分析

已知：行程速比系数 K，滑块 5 的冲程 H，中心距 $l_{o_2o_3}$，比值 $\dfrac{l_{BC}}{l_{O_3B}}$，各构件重心 S 的位置，曲柄每分钟转速 n_1。

要求：设计导杆机构，在 1# 图纸上（与后面的动态静力分析画在一起）作机构两个位置的速度多边形和加速度多边形，并作滑块的运动线图。曲柄位置的作法如图 6 – 2，取滑块 5 在上极限时所对应的曲柄位置为起始位置 1，按转向将曲柄圆用 12 等分，得 12 个曲柄位置再作出开始切削和终止切削后对应的 1′ 和 8′ 两位置。

2）导杆机构的动态静力分析

已知：各构件的重量 G 及其对重心轴的转动惯量 J_s（数据表中未列出的构件重量和转动惯量可略去不计）、阻力线图［如图 6 – 1（b）］以及在导杆机构设计及运动分析中得出的机构尺寸、速度和加速度。

要求：确定 1 ~ 2 个机构位置的各运动副中的反作用力及应加于曲柄上的平衡力矩。用茹可夫斯基杠杆法求平衡力矩，并与上述方法所得的结构相比较。作图部分画在运动分析的图纸上。

3）飞轮设计

已知：机器运转的速度不均匀系数 δ，平衡力矩 M_y，飞轮安装在曲柄轴上，驱动力矩 M_a 为常数。

要求：在 2# 图纸上用惯性力法求飞轮转动惯量 J_F。

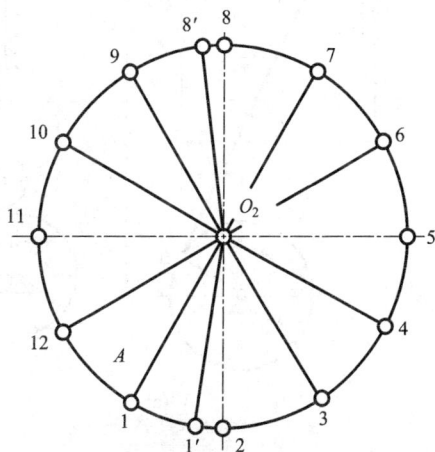

图 6 – 2　曲柄位置图

4）凸轮机构设计

已知：从动件的最大摆角 $\psi_{\max}$，许用压力角 $[\alpha]$，从动件长度 l_{O_4D}，从动件运动规律为等加速等减速运动，凸轮与曲柄共轴。

要求：按许用压力角 $[\alpha]$ 确定凸轮机构的基本尺寸，求出理论廓线外凸曲线的最小曲率半径 $\rho_{\min}$，选取滚子半径 r_g，在 2# 图纸上绘制凸轮实际廓线。

5）齿轮机构设计

已知：齿数 z_1、z_2，模数 m，分度圆压力角 α，齿轮为正常齿制，工作情况为开式齿轮，齿轮与曲柄共轴。

要求：选择移距系数，计算此对齿轮传动的各部分尺寸，在2#图纸上绘制齿轮传动的啮合图。

6.2 压床

1. 机构简介与设计数据

压床机械是由六杆机构中的冲头(滑块)向下运动来冲压机械零件的。如图6-3(a)所示，其执行机构主要由连杆机构和凸轮机构组成。电动机经过减速传动装置(齿轮传动)带动六杆机构的曲柄转动，曲柄通过连杆、摇杆带动滑块克服阻力Q冲压零件。当冲头向下运动时，为工作行程，冲头在$0.75H$内无阻力；当在工作行程后$0.25H$行程时，冲头受到的阻力为Q；当冲头向上运动时，为空回行程，无阻力。为了减小主轴的速度波动，在曲柄轴A上装有飞轮，在曲柄轴的另一端装有供润滑连杆机构各运动副用的油泵凸轮。设计数据见表6-2。

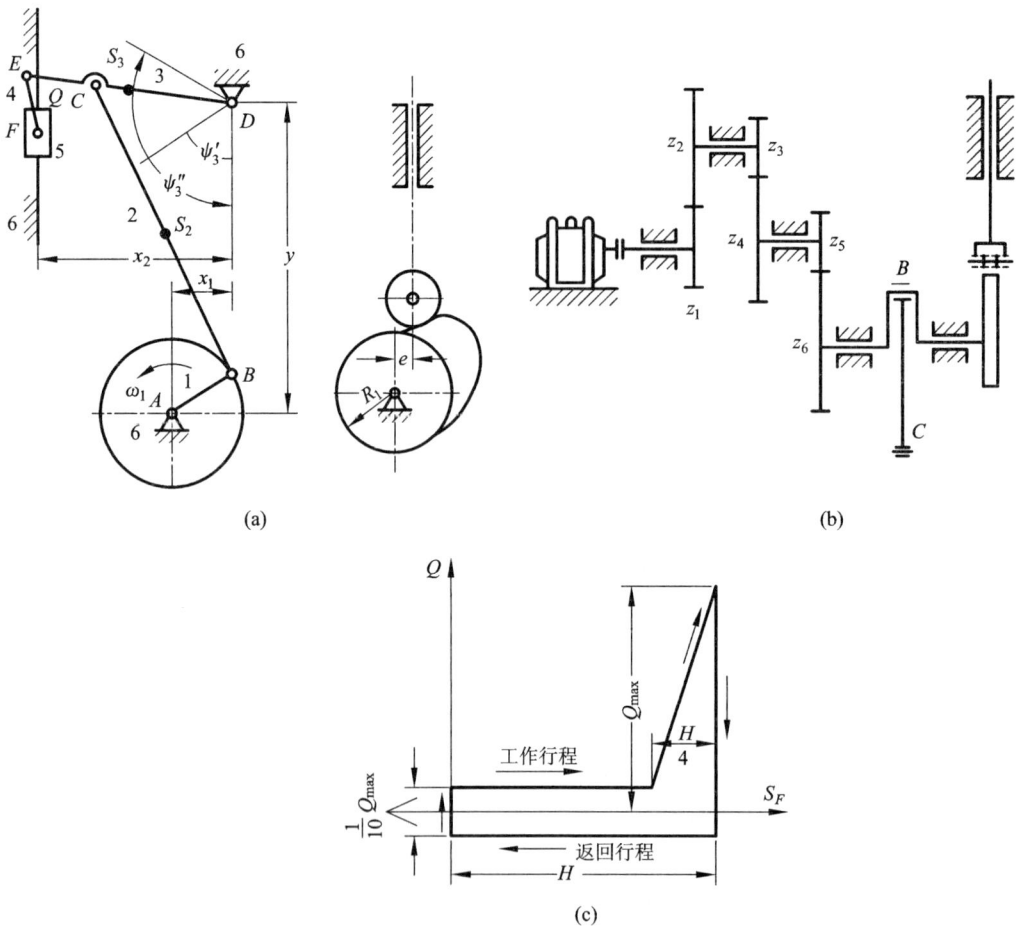

(a)

(b)

(c)

图6-3 压床机构简图及阻力线图

108

2. 设计内容

1) 连杆机构的设计及运动分析

已知：中心距 x_1、x_2、y，构件 3 的上下极限角 ψ_3'、ψ_3''，滑块的冲程 H，比值 $\dfrac{CE}{CD}$、$\dfrac{EF}{DE}$，各构件重心 S 的位置，曲柄每分钟转速 n_1。

要求：设计连杆机构，在 1#图纸上（与后面的动态静力分析画在一起）作机构运动简图、机构两个位置的速度多边形和加速度多边形、滑块的运动线图。

曲柄位置图的作法如图 6-4 所示。取滑块在下极限位置时所对应的曲柄位置作为起始位置 1，按曲柄转向，将曲柄圆周作 12 等分，得 12 个曲柄

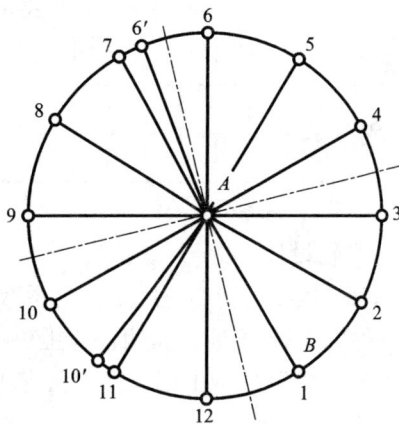

图 6-4　曲柄位置图

位置；另外再作出当滑块在上极限位置和距上极限为 0.25H 时所对应的两个曲柄位置 6′ 和 10′。

表 6-2　设计数据表

设计内容	连杆机构的设计及运动分析											凸轮机构的设计					
符号	x_1	x_2	y	ψ_3'	ψ_3''	H	$\dfrac{CE}{CD}$	$\dfrac{EF}{DE}$	n_1	$\dfrac{BS_2}{BC}$	$\dfrac{DS_3}{DE}$	h	$[\alpha]$	Φ	Φ_s	Φ'	从动杆加速度规律
单位	mm			°		mm			r/min			mm	°				
方案一	50	140	220	60	120	150	1/2	1/4	100	1/2	1/2	17	30	55	25	85	余弦
方案二	60	170	260	60	120	180	1/2	1/4	90	1/2	1/2	18	30	60	30	80	等加速
方案三	70	200	310	60	120	210	1/2	1/4	90	1/2	1/2	19	30	65	35	75	正弦

设计内容	齿轮机构的设计				连杆机构的动态静力分析及飞轮转动惯量的确定						
符号	z_5	z_6	α	m	G_2	G_3	G_5	J_{s_2}	J_{s_3}	Q_{max}	δ
单位			°	mm	N			kg·m²		N	
方案一	11	38	20	5	660	440	300	0.28	0.085	4000	1/30
方案二	10	35	20	6	1060	720	550	0.64	0.2	7000	1/30
方案三	11	32	20	6	1600	1040	840	1.35	0.39	11000	1/30

2) 连杆机构的动态静力分析

已知：各构件的重量 G 及其对重心轴的转动惯量 J_s（曲柄 1 和连杆 4 的重量和转动惯量略去不计），阻力线图 [如图 6-3(b)] 以及在连杆机构的设计及运动分析中所得的结果。

要求：确定 1~2 个机构位置的各运动副中的反作用力及加于曲柄上的平衡力矩（位置分配同前，见表 6-3）。作图部分也画在运动分析的图纸上。

学生编号	1	2	3	4	5	6	7	8	9	10	11	12	13	14
位置编号	1	2	3	4	5	6	6′	7	8	9	10	10′	11	12
	10	10′	11	12	1	2	3	4	5	6	6′	7	8	9

3）飞轮设计

已知：机器运转的速度不均匀系数 δ，由动态静力分析中所得的平衡力矩 M_y，驱动力矩 M_a 为常数，飞轮安装在曲柄轴 A 上。

要求：在 2#图纸上用惯性力法求飞轮转动惯量 J_F。

4）凸轮机构设计

已知：从动件冲程 H，许用压力角 $[\alpha]$，推程运动角 $\varPhi$，远休止角 $\varPhi_s$，回程运动角 $\varPhi'$，从动件的运动规律，凸轮与曲柄共轴。

要求：按 $[\alpha]$ 确定凸轮机构的基本尺寸，求出理论廓线外凸曲线的最小曲率半径 $\rho_{\min}$，选取滚子半径 r_g，在 2#图纸上绘制凸轮实际廓线。

5）齿轮机构设计

已知：齿数 z_5、z_6，模数 m，分度圆压力角 α，齿轮为正常齿制，工作情况为开式齿轮，齿轮与曲柄共轴。

要求：选择两轮变位系数 x_1、x_2，计算此对齿轮传动的各部分尺寸，在 2#图纸上绘制齿轮传动的啮合图。

6.3　牛头刨床

1. 机构简介与设计数据

牛头刨床是一种靠刀具的往复直线运动及工作台的间歇运动来完成工件的平面切削加工的机床。机构简图如图 6 – 5(a)所示。电动机经过减速传动装置（皮带和齿轮传动）带动执行机构（导杆机构和凸轮机构）完成刨刀的往复运动和间歇移动。刨床工作时，刨头 6 由曲柄 2 带动右行，刨刀进行切削，称为工作行程。在切削行程 H 中，前后各有一段 $0.05H$ 的空刀距离 [如图 6 – 5(b)]，工作阻力 F 为常数；刨刀左行时，即为空回行程，此行程无工作阻力。在刨刀空回行程时，凸轮 8 通过四杆机构带动棘轮机构，棘轮机构带动螺旋机构使工作台连同工件在垂直纸面方向上做一次进给运动，以便刨刀继续切削。刨头在整个运动循环中，受力变化是很大的，这就影响了主轴的匀速运动，故需安装飞轮来减小主轴的速度波动，以提高切削质量和减少电动机容量。设计数据见表 6 – 4。

2. 设计内容

1）导杆机构的运动分析

已知：曲柄每分钟转数 n_2，各构件尺寸及重心位置，且刨头导路 x–x 位于导杆端点 B 所作圆弧高的平分线上，如图 6 – 6 所示。

要求：在 1#图纸上（与后面的动态静力分析画在一起）作机构的运动简图，并作机构两个位置的速度、加速度多边形以及刨头的运动线图。

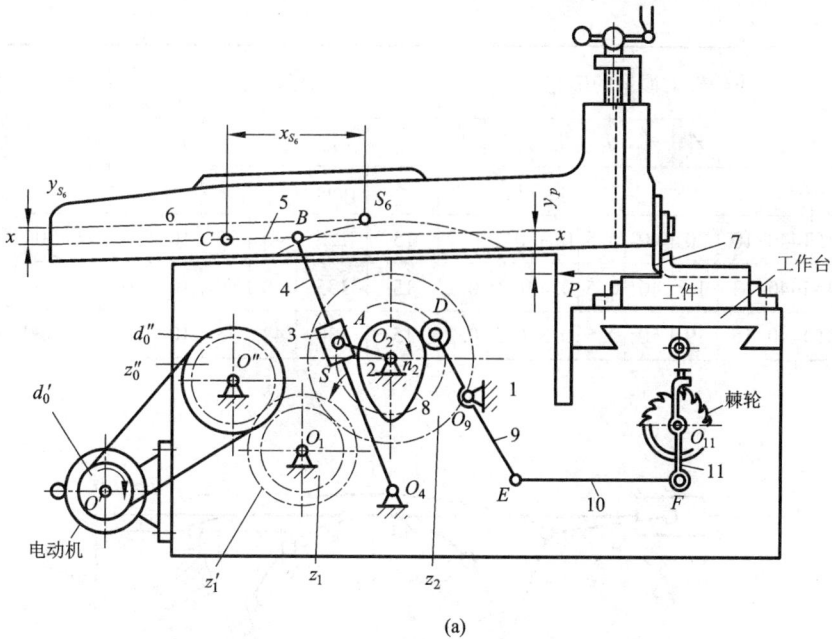

(a)

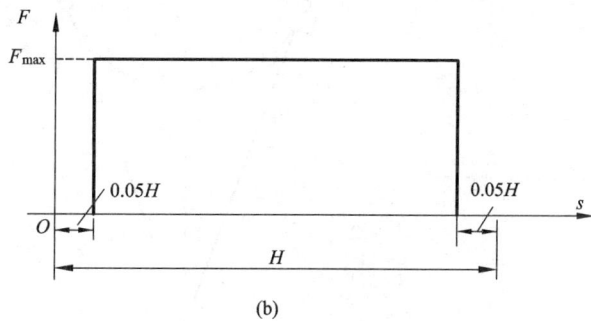

(b)

图 6 - 5　牛头刨床机构简图及阻力线图

曲柄位置图的作法为取 1 和 8′ 为工作行程起点和终点所对应的曲柄位置，1′ 和 7′ 为切削起点和终点所对应的曲柄位置，其余 2，3，…，12 等是由位置 1 起顺 ω_2 方向将曲柄圆周作 12 等分的位置。

表 6 - 4　设计数据表

设计内容	导杆机构的运动分析							导杆机构的动态静力分析				
符号	n_2	$l_{O_2O_4}$	l_{O_2A}	l_{O_4B}	l_{BC}	$l_{O_4S_4}$	x_{S_6}	y_{S_6}	G_4	G_6	F	y_p	J_{S_4}
单位	r/min	mm								N			mm	kg·m²
方案一	60	380	110	540	$0.25\,l_{O_4B}$	$0.5\,l_{O_4B}$	240	50	200	700	7000	80	1.1
方案二	64	350	90	580	$0.3\,l_{O_4B}$	$0.5\,l_{O_4B}$	200	50	220	800	9000	80	1.2
方案三	72	430	110	810	$0.36\,l_{O_4B}$	$0.5\,l_{O_4B}$	180	40	220	620	8000	100	1.2

续表 6 – 4

设计内容	飞轮转动惯量的确定									凸轮机构的设计						齿轮机构的设计				
符号	δ	n_o'	z_1	z_o''	z_1'	J_{o_2}	J_{o_1}	J_o''	J_o'	ψ_{max}	l_{O_9D}	$[\alpha]$	Φ	Φ_s	Φ'	d_o'	d_o''	m_{12}	$m_{o''1'}$	α
单位		r/min				kg·m²				°	mm	°				mm				°
方案一	0.15	1440	10	20	40	0.5	0.3	0.2	0.2	15	125	40	75	10	75	100	300	6	3.5	20
方案二	0.15	1440	13	16	40	0.5	0.4	0.25	0.2	15	135	38	70	10	70	100	300	6	4	20
方案三	0.16	1440	15	19	50	0.5	0.3	0.2	0.2	15	130	42	75	10	65	100	300	6	3.5	20

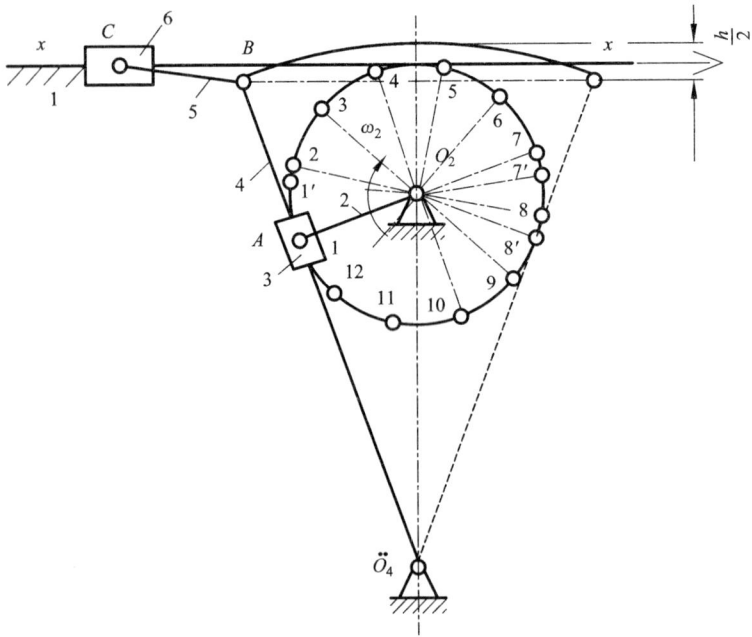

图 6 – 6　曲柄位置图

2）导杆机构的动态静力分析

已知：各构件的重量 G，其中曲柄 2、滑块 3 和连杆 5 的重量忽略不计，导杆 4 绕重心的转动惯量 J_{s_4} 及切削力 F 的变化规律，如图 6 – 5（b）所示。

要求：按表 6 – 5 所分配的第二行的一个位置，求各运动副中反作用力及曲柄上所需的平衡力矩。

3）飞轮设计

已知：机器运转的速度不均匀系数 δ，由动态静力分析所得的平衡力矩 M_y，具有定传动比的各构件的转动惯量 J，电动机、曲轴的转速 n_0'、n_2 及某些齿轮的齿数，驱动力矩 M_a 为常数。

要求：在 2#图纸上用惯性力法确定安装在轴 O_2 上的飞轮转动惯量 J_F。

表 6-5　机构位置分配表

学生编号	1	2	3	4	5	6	7	8	9	10	11	12	13	14	15
位置编号	1	2	3	4	5	6	7	8	9	10	11	12	1	2	3
	7	8′	6	8′	1	2	11	3	1′	1′	7′	4	7′	8	9
学生编号	16	17	18	19	20	21	22	23	24	25	26	27	28	29	30
位置编号	4	5	6	7	8	9	10	11	12	1	2	3	4	5	6
	10	12	1	12	5	2	7	3	8	6	4	5	9	10	11

4)凸轮机构设计

已知：摆杆 9 为等加速等减速运动规律，其推程运动角 Φ，远休止角 Φ_s，回程运动角 Φ'（如图 6-7 所示），摆杆长度 l_{O_9D}，最大摆角 ψ_{max}，许用压力角 $[\alpha]$，凸轮与曲柄共轴。

要求：确定凸轮机构的基本尺寸，选取滚子半径，在 2# 图纸上绘制凸轮实际廓线。

5)齿轮机构设计

已知：电动机、曲轴的转速 n_o'、n_2，皮带轮直径 d_o'、d_o'''，某些齿轮的齿数 z，模数 m，分度圆压力角 α，齿轮为正常齿制，工作情况为开式齿轮。

要求：计算齿轮 z_2 的齿数，选择齿轮副 z_1-z_2 的变位系数，计算此对齿轮传动的各部分尺寸，在 2# 图纸上绘制齿轮传动的啮合图。

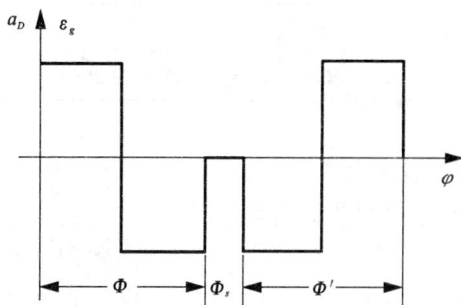

图 6-7　摆杆加速度线图

6.4　铰链式颚式破碎机

1. 机构简介与设计数据

颚式破碎机是一种用来破碎矿石的机械，如图 6-8 所示。机器经皮带传动，使曲柄 2 顺时针向回转，然后通过构件 3、4、5 使动颚板 6 作往复摆动。当动颚板 6 向左摆向固定于机架 1 上的定颚板 7 时，矿石即被轧碎；当动颚板 6 向右摆离定颚板时，被轧碎的矿石即下落。由于机器在工作过程中载荷变化很大，将影响曲柄和电动机的匀速转速。为了减小主轴速度的波动和电动机的容量，在 O_2 轴的两端各装一个大小和重量完全相同的飞轮，其中一个兼作皮带轮用。设计数据见表 6-6。

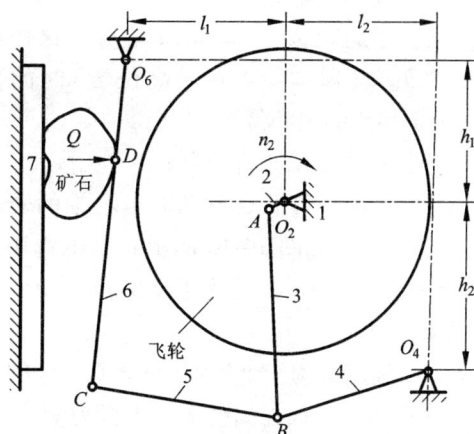

图 6-8　颚式破碎机机构简图

113

表 6-6　设计数据表

设计内容	连杆机构的运动分析								
符号	n_2	l_{O_2A}	l_1	l_2	h_1	h_2	l_{AB}	l_{O_4B}	l_{BC}	l_{O_6C}
单位	r/min	mm								
数据	170	100	1000	940	850	1000	1250	1000	1150	1960
设计内容	连杆机构的动态静力分析								飞轮转动惯量的确定
符号	l_{O_6D}	G_3	J_{s_3}	G_4	J_{s_4}	G_5	J_{s_5}	G_6	J_{s_6}	δ
单位	mm	N	kg·m²	N	kg·m²	N	kg·m²	N	kg·m²	
数据	600	5000	25.5	2000	9	2000	9	9000	50	0.15

2. 设计内容

1) 连杆机构的运动分析

已知：构件 2 的重心在 O_2，其余构件的重心均位于构件的中点，曲柄每分钟转速为 n_2。

要求：在 1# 图纸上(与后面的动态静力分析画在一起)作机构运动简图，机构两个位置(见表 6-7)的速度和加速度多边形。

表 6-7　机构位置分配表

学生编号	1	2	3	4	5	6	7	8	9	10	11	12	13	14	15
位置编号	1	2	3	4	5	6	7	7′	7″	8	9	10	11	12	1
	8	9	10	11	12	1	2	3	4	5	6	7	7′	7″	9

曲柄位置图的作法如图 6-9 所示，以构件 2 和 3 成一直线(即构件 4 在最低位置)时为起始位置，将曲柄圆周顺 ω_2 方向作 12 等分。再作出构件 2 和 3 重合(即构件 4 在最高位置)时的位置 7′，以及 7 和 8 的中间位置 7″。

2) 连杆机构的动态静力分析

已知：各构件重量 G 及其对重心轴的转动惯量 J_s，阻力线图(如图 6-10 所示)(Q 的作用点为 D，方向垂直于 O_6C)，以及连杆机构运动分析中所得结果。

要求：确定机构一个位置(见表 6-7)的各运动副反作用力及需加在曲柄上的平衡力矩。

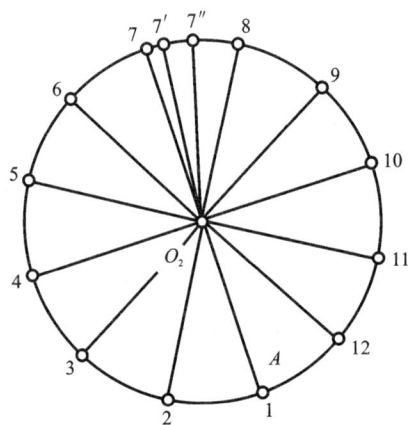

图 6-9　曲柄位置图

3) 飞轮设计

已知：机器运转的速度不均匀系数 δ，由动态静力分析所得的平衡力矩 M_y，驱动力矩 M_a 为常数。

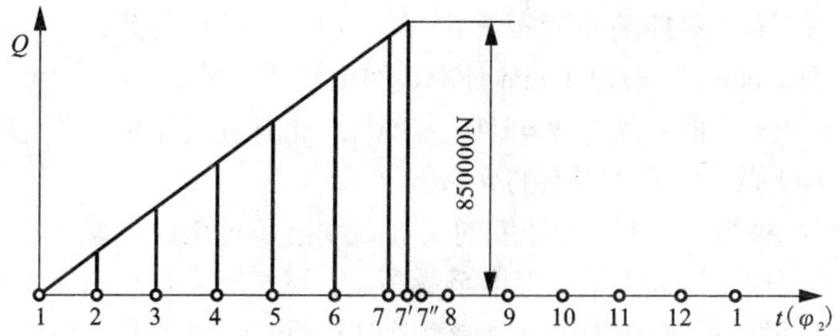

图 6 - 10　阻力线图

要求：在 2# 图纸上用惯性力法确定安装在轴 O_2 上的飞轮转动惯量 J_F。

6.5　单缸四冲程柴油机

1. 机构简介与设计数据

如图 6 - 11(a)所示柴油机是一种内燃机，它将燃料燃烧时所产生的热能转变为机械能。往复式内燃机的主体结构为曲柄滑块机构，以气缸内的燃气压力推动活塞 3 经连杆 2 而使曲柄 1 旋转。本设计是四冲程内燃机，即以活塞在气缸内往复移动四次(对应曲柄两转)完成一个工作循环。在一个工作循环中，气缸内的压力变化可由示功图[用示功器从气缸内测得，如图 6 - 11(b)]标出，它表示气缸容积(与活塞位移 s 成正比)与压力的变化关系。现将四个冲程压力变化作一简单介绍。

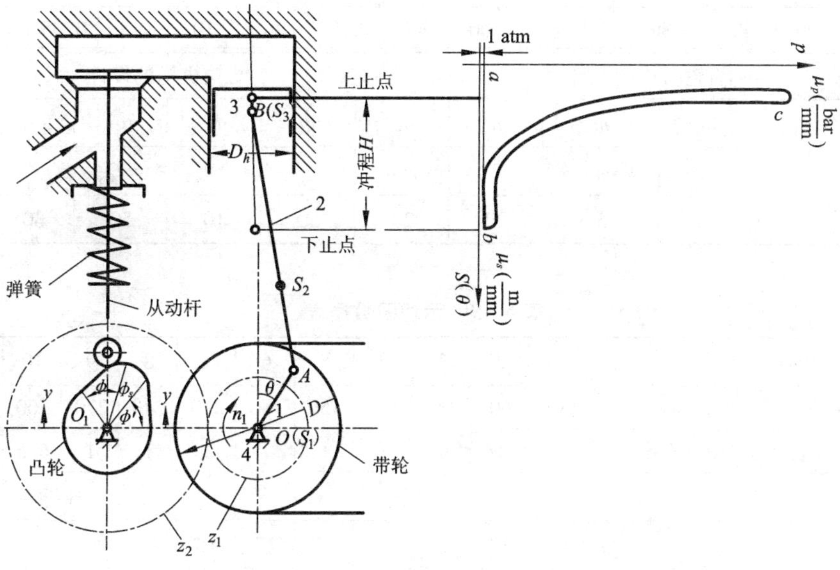

(a)机构简图　　　　　　　　　(b)示功图

图 6 - 11　柴油机机构简图及示功图

进气冲程：活塞下行，对应的曲柄转角 $\theta = 0° \to 180°$。进气阀开，燃气开始进入气缸，气缸内指示压力略低于 1 atm，一般以 1 atm 计算，如示功图上的 $a \to b$。

压缩冲程：活塞上行，曲柄转角 $\theta = 180° \to 360°$。此时进气完毕，进气阀关闭，已吸入的空气受到压缩，压力渐高，如示功图上的 $b \to c$。

做功冲程：在压缩冲程终了时，被压缩的空气温度已超过柴油自燃的温度，因此在高压下射入的柴油立刻爆炸燃烧，气缸内压力突增至最高点，燃气压力推动活塞下行对外做功，曲柄转角 $\theta = 360° \to 540°$。随着燃气的膨胀，气缸容积增加，压力逐渐降低，如示功图上的 $c \to b$。

排气冲程：活塞上行，曲柄转角 $\theta = 540° \to 720°$。排气阀开，废气被驱出，气缸内压力略高于 1 大气压力，一般亦以 1 大气压力计算，如示功图上的 $b \to a$。

进排气阀的启闭是由凸轮机构控制的。凸轮机构是通过曲柄轴 O 上的齿轮 z_1 和凸轮轴 O_1 上的齿轮 z_2 来传动的。由于一个工作循环中，曲柄轴转两转而进排气阀各启闭一次，所以齿轮的传动比 $i = \dfrac{n_1}{n_2} = \dfrac{z_2}{z_1} = 2$。由上可知，在组成一个工作循环的四个冲程中，活塞只有一个冲程是对外做功的，其余的三个冲程则需依靠机械的惯性带动。因此，曲柄所受的驱动力是不均匀的，其速度波动也较大。为了减少速度波动，曲柄轴上装有飞轮。设计数据及示功图数据见表 6-8、表 6-9。

表 6-8　设计数据表

设计内容	曲柄滑块机构的运动分析				曲柄滑块机构的动态静力分析及飞轮转动惯量的确定								
符号	H	λ	l_{AS_2}	n_1	D_h	D	G_1	G_2	G_3	J_{s_1}	J_{s_2}	J_{o_1}	δ
单位	mm		mm	r/min	mm			N			kg·m²		
数据	120	4	80	1500	100	200	210	20	10	0.1	0.05	0.2	1/100
设计内容	齿轮机构的设计				凸轮机构的设计						
符号	z_1	z_2	m	α	h	Φ	Φ_s	Φ'	$[\alpha]$	$[\alpha]'$	
单位			mm	°	mm			°			
数据	22	44	5	20	20	50	10	50	30°	75°	

表 6-9　示功图数据表

位置编号	1	2	3	4	5	6	7	8	9	10	11	12
曲柄位置($\theta°$)	30	60	90	120	150	180	210	240	270	300	330	360
气缸指示压力 bar($10^5\,\text{N/m}^2$)	1	1	1	1	1	1	1	1	1	6.5	19.5	35
工作过程	进气						压缩					
位置编号	12′	13	14	15	16	17	18	19	20	21	22	23	24
曲柄位置($\theta°$)	375	390	420	450	480	510	540	570	600	630	660	690	720
气缸指示压力 bar($10^5\,\text{N/m}^2$)	60	22.5	9.5	3	3	2.5	2	1.5	1	1	1	1	1
工作过程	做功						排气						

2. 设计内容

1）曲柄滑块机构的运动分析

已知：活塞冲程 H，连杆与曲柄长度之比 λ，曲柄每分钟转速 n_1。

要求：设计曲柄滑块机构，绘制机构运动简图，在 $1^\#$ 图纸上（与后面的动态静力分析画在一起）作机构两个位置（见表 6-10）的速度和加速度多边形，并作出滑块的运动线图。

表 6-10　机构位置分配表

学生编号	1	2	3	4	5	6	7	8	9	10
位置编号	1,10	2,11	3,12	4,13	5,14	6,15	7,16	8,17	9,18	10,19
学生编号	11	12	13	14	15	16	17	18	19	20	21	22	23	24
位置编号	11,12′	12,20	13,21	14,22	15,23	16,24	17,1	18,2	19,3	20,10	21,11	22,12	23,13	24,14

曲柄位置图的作法如图 6-12 所示，以滑块在上止点所对应的曲柄位置为起始位置（即 $\theta=0°$），将曲柄圆周按转向分为十二等分得 12 个位置 1→12，12′（$\theta=375°$）为气缸指示压力达最大值时所对应的曲柄位置，13→24 为曲柄第二转时对应各位置。

2）曲柄滑块机构的动态静力分析

已知：机构各构件的重量 G，绕重心轴的转动惯量 J_s，活塞直径 D_h，示功图数据以及运动分析所得的各运动参数。

要求：确定机构两个位置（同运动分析）的各运动副中的反作用力及曲柄上的平衡力矩 M_y。

3）飞轮设计

已知：机器的速度不均匀系数 δ，曲柄轴的转动惯量 J_{s_1}、凸轮轴的转动惯量 J_{o_1}、连杆 2 绕其重心轴的转动惯量 J_{s_2}，动态静力分析求得的平衡力矩 M_y，阻力矩 M_c 为常数。

要求：在 $2^\#$ 图纸上用惯性力法确定安装在曲柄轴上的飞轮转动惯量 J_F。

4）凸轮机构设计

已知：从动件冲程 h，推程和回程的许用压力角 $[\alpha]$ 和 $[\alpha]'$，推程运动角 Φ，远休止角 Φ_s，回程运动角 Φ'，从动件的运动规律（如图 6-13 所示）。

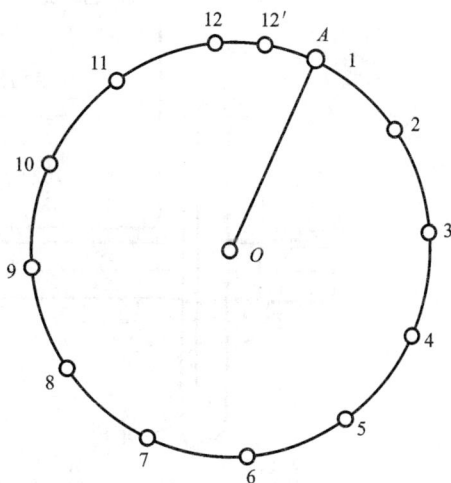

图 6-12　曲柄位置图

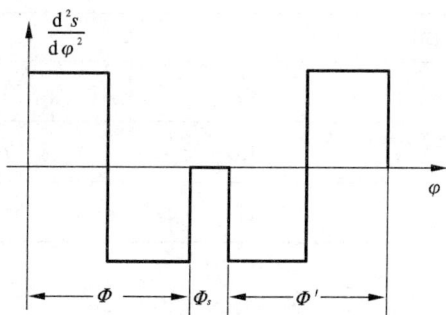

图 6-13　从动件运动规律图

117

要求：按照许用压力角确定凸轮机构的基本尺寸，选取滚子半径，在 2# 图纸上绘制凸轮实际廓线。

5）齿轮机构设计

已知：齿轮齿数 z_1、z_2，模数 m，分度圆压力角 α，齿轮为正常齿制，在闭式的润滑油池中工作。

要求：选择两齿轮变位系数，计算齿轮各部分尺寸，在 2# 图纸上绘制齿轮传动的啮合图。

6.6 变位齿轮传动

1. 机构简介与设计数据

如图 6－14 所示为机车牵引减速器齿轮机构传动，系电气机车上电动机传动车轮的减速装置。减速器为闭式传动，齿轮 z_1、z_2 有充分的润滑油进行润滑。设计数据见表 6－11。

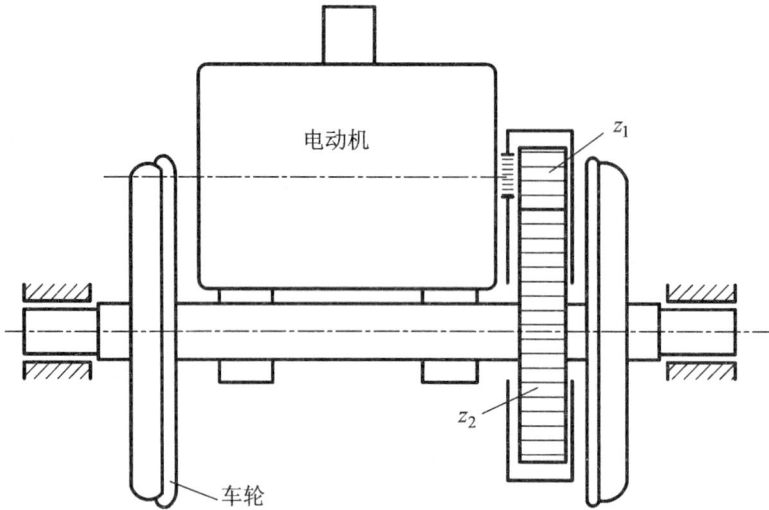

图 6－14　机车牵引减速器齿轮传动

表 6－11　设计数据表

符号	z_1	z_2	m(mm)	$\alpha(°)$
方案一	13	59	10	20
方案二	15	57	10	20
方案三	17	55	10	20

2. 齿轮机构设计

已知：齿数 z_1、z_2，模数 m，分度圆压力角 α，齿轮为正常齿制，工作情况为闭式传动。

要求：选择变位系数 x_1 和 x_2，计算该对齿轮传动的各部分尺寸，在 2# 图纸上绘制齿轮传动的啮合图。

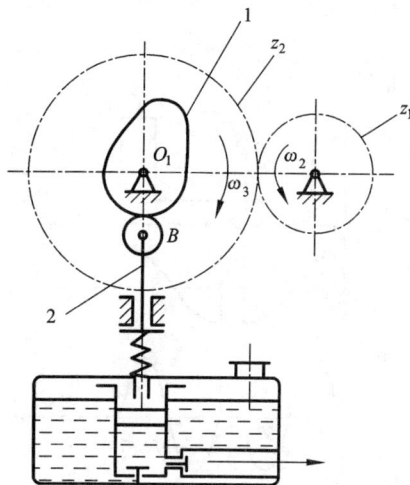

6.7　凸轮机构

1. 移动从动件凸轮机构的设计

1）机构简介与设计数据

如图 6-15 所示为常用于各种机器润滑系统供油装置的活塞式油泵。电动机经齿轮 z_1、z_2 带动凸轮 1，从而推动从动件活塞杆 2 作往复运动，

图 6-15　活塞式油泵机构简图

杆 2 下行时将油从管道中压出，称为工作行程；上行时自油箱中将油吸入，称空回行程。其运动规律常用等加速等减速运动、余弦加速度运动与正弦加速度运动等。设计数据见表6-12。

表 6-12　设计数据表

符号	h	n_1	$[\alpha]$	$[\alpha]'$	Φ	Φ_s	Φ'	Φ_s'	从动件运动规律
单位	mm	r/min	°						
方案一	60	300	30	60	90	10	90	170	等加速等减速（加速度比例系数 $v=2$）
方案二	70	300	30	60	90	10	90	170	加速度按余弦变化
方案三	80	300	30	60	90	10	90	170	加速度按正弦变化

2）凸轮机构设计

已知：凸轮每分钟转数 n_1，从动件行程 h 及运动规律（如图 6-16 所示），推程、回程的许用压力角 $[\alpha]$、$[\alpha]'$。

要求：在 2# 图纸上绘制从动件运动线图，根据许用压力角确定基圆半径，选取滚子半径，画出凸轮实际轮廓线。

2. 摆动从动件凸轮机构的设计

1）机构简介与设计数据

如图 6-17 所示为自动送料机摆动从动件凸轮机构的简图。自动机对工件加工完毕后，工件会自动地从机床主轴上卸下。此时凸轮 1 开始动作，推动送料摆杆 2 将从料斗落下的毛坯 3 送至机床主轴 4，然后由推料杆将毛坯 3 推入主轴的夹头中夹紧以备加工。摆杆 2 由于弹簧的作用返回原位，凸轮停止转动。设计数据见表6-13。

119

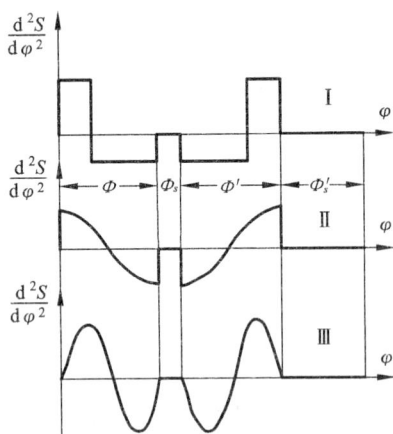

图 6 – 16　从动件运动规律线图

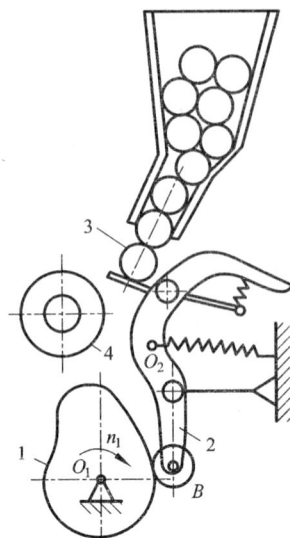

图 6 – 17　自动送料机凸轮机构简图

表 6 – 13　设计数据表

符号	$l_{O_1 O_2}$	$l_{O_2 B}$	ψ_{max}	n_1	$[\alpha]$	$[\alpha]'$	Φ	Φ_s	Φ'	Φ'_s	从动件运动规律
单位	mm		°	r/min				°			
方案一	150	90	45	15	45	60	90	15	45	210	等加速等减速 (加速度比例系数 $v=1$)
方案二	150	90	45	15	40	65	90	10	45	215	加速度按余弦变化
方案三	150	90	45	15	35	70	90	10	45	215	加速度按正弦变化

2)凸轮机构设计

已知:凸轮每分钟转数 n_1,中心距 $l_{O_1 O_2}$,摆杆长 $l_{O_2 B}$,最大摆角 ψ_{max},推程、回程的许用压力角 $[\alpha]$、$[\alpha]'$,从动件的运动规律(如图 6 – 18所示)。

要求:在 2# 图纸上绘制从动件运动线图,根据许用压力角确定基圆半径,选取滚子半径,画出凸轮实际轮廓线。

6.8　常见机械原理创新设计题目及实例

机械原理创新设计活动是培养学生的创新意识和机械创新设计能力的重要形式。机械原理创新设计题目来源有主题性题目、自选题目

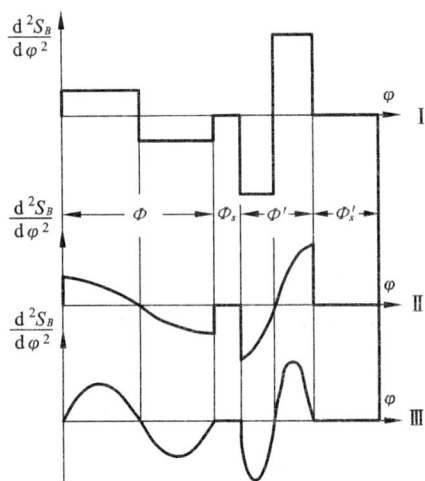

图 6 – 18　从动件运动规律线图

和现有题目选择等几种形式,学生自由组织后进行小组合作设计,完成功能原理、方案设计及其他相关设计内容并制作模型。通过机械原理创新设计环节,可使学生比较全面、系统地掌握和深化机械原理基本原理和设计方法,培养学生的创新意识,应用创新原理和创新技法进行简单机械系统设计的能力,为能设计复杂的机械系统、成为优秀的机械系统设计者和创新性人才打下良好基础。机械原理创新设计常见主题性题目见表 6 - 14。

表 6 - 14   机械原理创新设计常见主题性题目实例

主题内容	实例说明
厨卫机械	自动烤饼机、煎蛋器、折叠式包馅机、多功能切片机、制春卷机、面条机、多功能清洁器、洗碗机、洗菜机、自动去皮机等。
环卫机械	多功能黑板擦、除雪器、便携式清扫器、自闭水龙头、污水处理器、"牛皮癣"清除机、智能吸尘器等。
玩具机械	翻筋斗小人、电动车、电动斗士、小恐龙、小狗等。
一般日用机械	多功能小车、多功能雨伞、袖珍打气筒、自动晒衣架、塑料粉碎机等。
安全与自救	高空逃生机、多功能面具等。
助残机械	多功能自助轮椅、助残机械手、自动翻身病床、多功能助食装置等。
健身机械	多功能跑步机、多功能划船训练健身器、腰腹肌肉训练器、双人运动脚踏车、智能游泳帽等。
康复机械	偏瘫病人全关节运动促动康复器、肌肉按摩器、人体脊椎矫正仪、视力康复仪、助听器、助声器等。

6.8.1   实例 1：巧克力糖自动包装机的设计

1. 设计题目

设计巧克力糖自动包装机。包装对象为圆台状巧克力糖(如图 6 - 19 所示),包装材料为厚 0.008 mm 的金色铝箔纸。包装后外形应美观挺拔,铝箔纸无明显损伤、撕裂和褶皱(如图 6 - 20 所示)。包装工艺方案为:纸坯型式采用卷筒纸,纸片水平放置,间歇剪切式供纸(如图 6 - 21 所示)。包装工艺动作为:首先将 64 mm × 64 mm 铝箔纸覆盖在巧克力糖 ϕ17 mm 小端正上方,再使铝箔纸沿糖块锥面强迫成形,最后将余下的铝箔纸分半,先后向 ϕ24 mm 大端面上褶去,迫使包装纸紧贴巧克力糖。

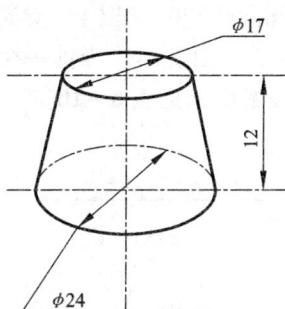

图 6 - 19   圆台状巧克力糖

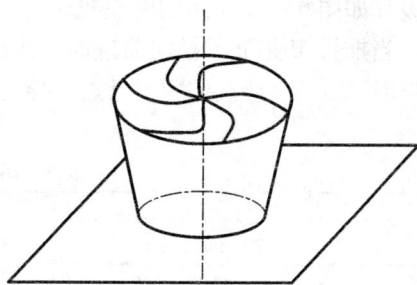

图 6 - 20   包装后的巧克力糖

图 6-21 包装工艺动作

2. 设计要求与任务

设计要求：①设计糖果包装机的间歇剪切供纸机构、铝箔纸锥面成形机构、褶纸机构以及巧克力糖果的送推料机构；②整台机器外形尺寸(宽×高)不超过 800 mm×1000 mm；③锥面成形机构不论采用平面连杆机构、凸轮机构或者其他常用机构，要求成形动作尽量等速，启动与停顿时冲击小。设计数据见表 6-15。

表 6-15 设计数据表

方案号	A	B	C	D	E	F	G	H
电动机转速(r/min)	1440	1440	1440	960	960	820	820	780
每分钟包装糖果数目(个/min)	120	90	60	120	90	90	80	60

设计任务：①巧克力糖包装机一般应包括凸轮机构、平面连杆机构、齿轮机构等，设计传动系统并确定其传动比分配；②在图纸上画出机器的机构运动方案简图和运动循环图；③设计平面连杆机构，并对平面连杆机构进行运动分析，绘制运动线图；④设计凸轮机构，确定运动规律，选择基圆半径，计算凸轮廓线值，校核最大压力角与最小曲率半径，绘制凸轮机构设计图；⑤设计计算齿轮机构；⑥编写设计计算说明书。

3. 设计提示

剪纸与供纸动作连续完成；铝箔纸锥面成形机构一般可采用凸轮机构、平面连杆机构等；实现褶纸动作的机构有多种选择，包括凸轮机构、摩擦滚轮机构等；巧克力糖果的送推料机构可采用平面连杆机构、凸轮机构；各个动作应有严格的时间顺序关系。

6.8.2 实例 2：洗瓶机的设计

1. 设计题目

设计如图 6-22 所示的洗瓶机。待洗的瓶子放在两个同向转动的导辊上，导辊带动瓶子旋转。当推头 M 把瓶子推向前进时，转动着的刷子就把瓶子外面洗净。当前一个瓶子将洗刷完毕时，后一个待洗的瓶子已送入导辊待推。洗瓶机的技术要求见表 6-16。

表 6-16 洗瓶机的技术要求

方案号	瓶子尺寸(直径×长) mm，mm	工作行程 mm	生产率 个/s	急回系数	电动机转速 r/min
A	φ100×200	600	15	3	1440
B	φ80×180	500	16	3.2	1440
C	φ60×150	420	18	3.5	960

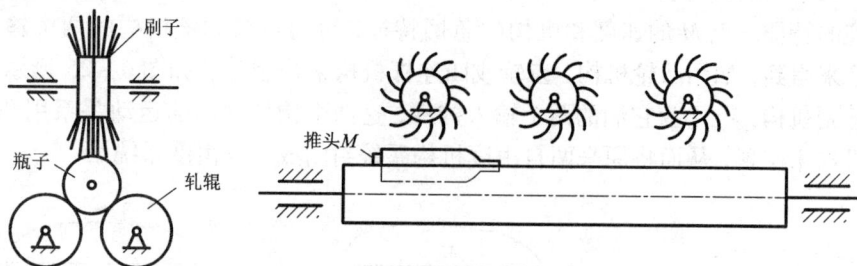

图 6-22　洗瓶机工作示意图

2.设计要求

(1)洗瓶机应包括齿轮、平面连杆机构等常用机构或组合机构。设计传动系统并确定其传动比分配。

(2)画出机器的机构运动方案简图和运动循环图。

(3)设计组合机构实现运动要求,并对从动杆进行运动分析。也可以设计平面连杆机构以实现运动轨迹,并对平面连杆机构进行运动分析。绘出运动线图。

(4)其他机构的设计计算。

(5)编写设计计算说明书。

3. 设计提示

分析设计要求后可知:洗瓶机主要由推瓶机构、导辊机构、转刷机构等组成。设计的推瓶机构应使推头 M 以接近均匀的速度推瓶,平稳地接触和脱离瓶子,然后推头快速返回原位,准备第二个工作循环。根据设计要求,推头 M 可按图 6-23 所示轨迹运动,而且推头 M 在工作行程中应作匀速直线运动,在工作段前后可有变速运动,回程时有急回。

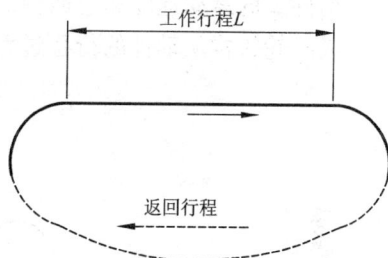

图 6-23　推头 M 运动轨迹

对这种运动要求,若用单一的常用机构是不容易实现的,通常要把若干个基本机构组合起来,设计组合机构。在设计组合机构时,一般可首先考虑选择满足轨迹要求的机构(基础机构),而沿轨迹运动时的速度要求,则通过改变基础机构主动件的运动速度来满足,也就是让它与一个输出变速度的附加机构组合。实现本例要求的机构方案有很多,可用多种机构组合来实现。如下:

1)凸轮-铰链四杆机构方案

如图 6-24 所示,铰链四杆机构的连杆 2 上点 M 走近似于所要求的轨迹,M 点的速度由等速转动的凸轮通过构件 3 的变速转动来控制。由于此方案的曲柄 1 是从动件,所以要注意渡过死点的措施。

2)五杆组合机构方案

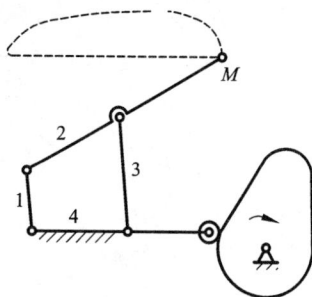

图 6-24　凸轮-铰链四杆机构方案

123

确定一条平面曲线需要两个独立变量，因此具有两自由度的连杆机构都具有精确再现给定平面轨迹的特征。点 M 的速度和机构的急回特征，可通过控制该机构的两个输入构件间的运动关系来得到，如用凸轮机构、齿轮或四连杆机构来控制等。如图 6-25 所示为两个自由度五杆低副机构，1、4 为它们的两个输入构件，这两个构件之间的运动关系用凸轮、齿轮或四连杆机构来实现，从而将原来两自由度机构系统封闭成单自由度系统。

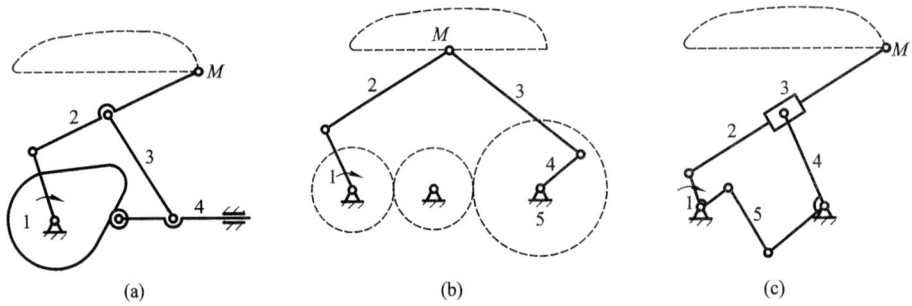

图 6-25　五杆组合机构方案

3）凸轮 - 全移动副四杆机构方案

如图 6-26 所示的全移动副四杆机构是两自由度机构，构件 2 上的 M 点可精确再现给定的轨迹，构件 2 的运动速度和急回特征由凸轮控制。这个机构方案的缺点是因水平方向轨迹太长，造成凸轮机构从动件的行程过大，而使相应凸轮尺寸过大。

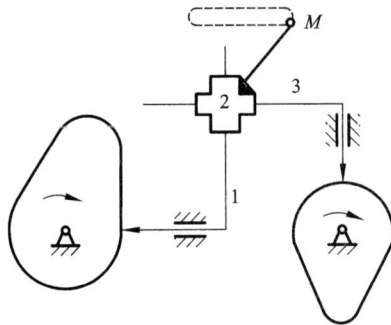

图 6-26　凸轮 - 全移动副四杆机构方案

124

附录Ⅰ　Y系列三相异步电动机的技术数据

　　Y系列是指一般用途的全封闭自扇冷式鼠笼型三相异步电动机，具有高效、节能、启动转矩大、性能好、噪声低、振动小、可靠性高等优点。该系列电动机符合国际电工委员会（IEC）标准且使用维护方便。

　　Y系列电动机适用于不含易燃、易爆或腐蚀性气体的一般场所和无特殊要求的机械上。如金属切削机床、泵、风机、运输机械、搅拌机、农业机械、食品机械等。由于它有较好的启动性能，因此也适用于某些对启动转矩有较高要求的机械，如压缩机等。

　　Y系列电动机的型号由四部分组成：第一部分汉语拼音字母Y表示异步电动机；第二部分数字表示机座中心高（机座不带底脚时，与机座带底脚时相同）；第三部分为机座长度代号（S——短机座、M——中机座、L——长机座），字母后的数字为铁芯长度代号；第四部分横线后的数字为电动机的极数。

　　例如：

```
Y    132   S2-2  ── 极数
                 ── 短机座，第二种铁芯长度
                 ── 机座中心高(mm)
                 ── 异步电动机
```

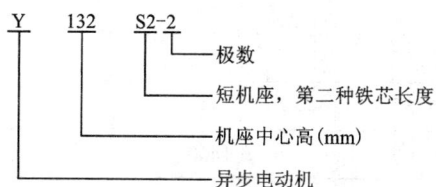

附录Ⅰ-1　Y系列三相异步电动机的技术数据（JB/T9616—1999）

电动机型号	额定功率 P/kW	满载转速 n/(r·min^{-1})	堵转转矩／额定转矩	最大转矩／额定转矩
同步转速 $n=3000$ r·min^{-1}，2极				
Y801-2	0.75	2825	2.2	2.2
Y802-2	1.1	2825	2.2	2.2
Y90S-2	1.5	2840	2.2	2.2
Y90L-2	2.2	2840	2.2	2.2
Y100L-2	3	2880	2.2	2.2
Y112M-2	4	2890	2.2	2.2
Y132S1-2	5.5	2900	2.0	2.2
Y132S2-2	7.5	2900	2.0	2.2
Y160M1-2	11	2930	2.0	2.2
Y160M2-2	15	2930	2.0	2.2
Y160L-2	18.5	2930	2.0	2.2
Y180M-2	22	2940	2.0	2.2

续附表 I −1

电动机型号	额定功率 P/kW	满载转速 $n/(\text{r}\cdot\text{min}^{-1})$	堵转转矩 额定转矩	最大转矩 额定转矩
Y200L1 − 2	30	2950	2.0	2.2
Y200L2 − 2	37	2950	2.0	2.2
Y225M − 2	45	2970	2.0	2.2
Y250M − 2	55	2970	2.0	2.2
同步转速 $n = 1500\ \text{r}\cdot\text{min}^{-1}$，4 极				
Y801 − 4	0.55	1390	2.2	2.2
Y802 − 4	0.75	1390	2.2	2.2
Y90S − 4	1.1	1400	2.2	2.2
Y90L − 4	1.5	1400	2.2	2.2
Y100L1 − 4	2.2	1420	2.2	2.2
Y100L2 − 4	3	1420	2.2	2.2
Y112M − 4	4	1440	2.2	2.2
Y132S − 4	5.5	1440	2.2	2.2
Y132M − 4	7.5	1440	2.2	2.2
Y160M − 4	11	1460	2.2	2.2
Y160L − 4	15	1460	2.2	2.2
Y180M − 4	18.5	1470	2.0	2.2
Y180L − 4	22	1470	2.0	2.2
Y200L − 4	30	1470	2.0	2.2
Y225S − 4	37	1480	1.9	2.2
Y225M − 4	45	1480	1.9	2.2
Y250M − 4	55	1480	2.0	2.2
Y280S − 4	75	1480	1.9	2.2
Y280M − 4	90	1480	1.9	2.2
同步转速 $n = 1000\ \text{r}\cdot\text{min}^{-1}$，6 极				
Y90S − 6	0.75	910	2.0	2.0
Y90L − 6	1.1	910	2.0	2.0
Y100L − 6	1.5	940	2.0	2.0
Y112M − 6	2.2	940	2.0	2.0
Y132S − 6	3	960	2.0	2.0
Y132M1 − 6	4	960	2.0	2.0

续附表 I –1

电动机型号	额定功率 P/kW	满载转速 $n/(r \cdot min^{-1})$	堵转转矩 额定转矩	最大转矩 额定转矩
Y132M2 – 6	5.5	960	2.0	2.0
Y160M – 6	7.5	970	2.0	2.0
Y160L – 6	11	970	2.0	2.0
Y180L – 6	15	970	1.8	2.0
Y200L1 – 6	18.5	970	1.8	2.0
Y200L2 – 6	22	970	1.8	2.0
Y225M – 6	30	980	1.7	2.0
Y250M – 6	37	980	1.8	2.0
Y280S – 6	45	980	1.8	2.0
Y280M – 6	55	980	1.8	2.0
同步转速 $n = 750 \; r \cdot min^{-1}$, 8 极				
Y132S – 8	2.2	710	2.0	2.0
132M – 8	3	710	2.0	2.0
Y160M1 – 8	4	720	2.0	2.0
Y160M2 – 8	5.5	720	2.0	2.0
Y160L – 8	7.5	720	2.0	2.0
Y180L – 8	11	730	1.7	2.0
Y200L – 8	15	730	1.8	2.0
Y225S – 8	18.5	730	1.7	2.0
Y225M – 8	22	730	1.8	2.0
Y250M – 8	30	730	1.8	2.0
Y280S – 8	37	740	1.8	2.0
Y280M – 8	45	740	1.8	2.0
Y315S – 8	55	740	1.6	2.0

附录Ⅱ 常用构件、运动副的符号

附表Ⅱ-1 常用运动副及其简图

名称	图形	简图符号	副级	自由度
移动副			V	1
转动副			V	1
螺旋副			V	1
圆柱套筒副			IV	2
球销副			IV	2

续附表 II － 1

名称	图形	简图符号	副级	自由度
球面低副	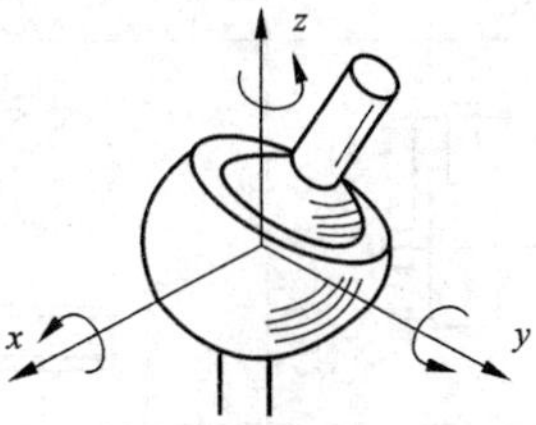		III	3
柱面高副	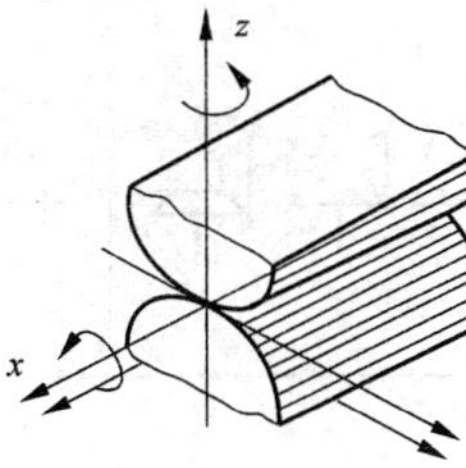	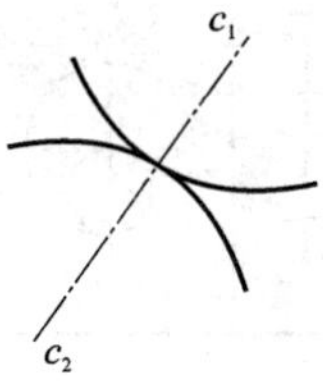	II	4
球面高副	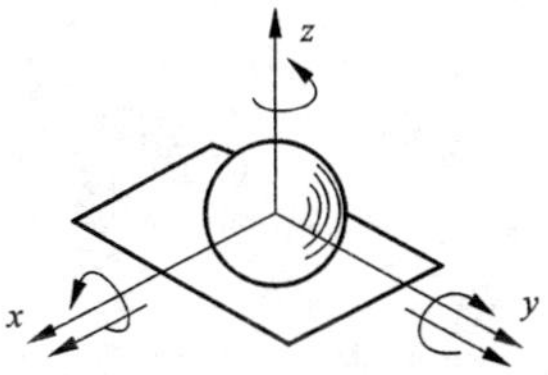	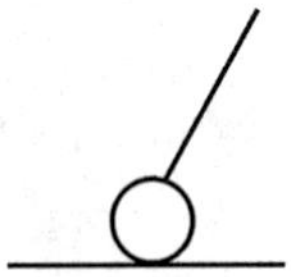	I	5

附表 II － 2　常用构件、运动副的符号

名称	两运动构件形成的转动副		两构件之一为机架时所形成的运动副
转动副			
移动副			
	二副元素构件	三副元素构件	多副元素构件
构件			

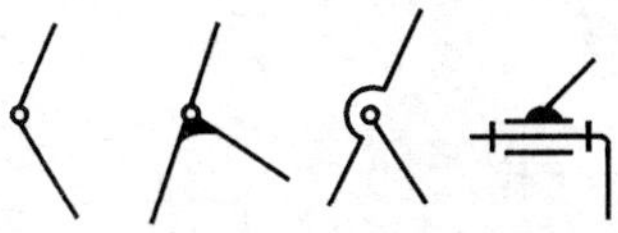

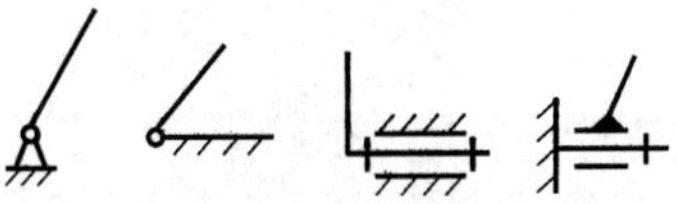

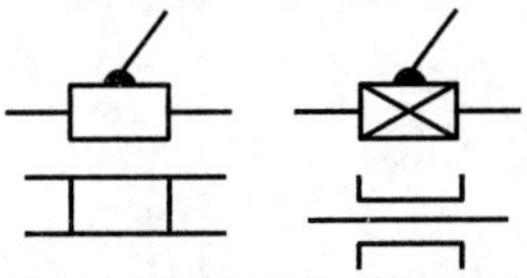

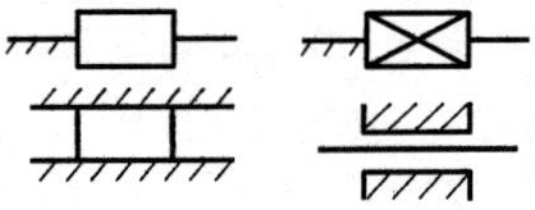

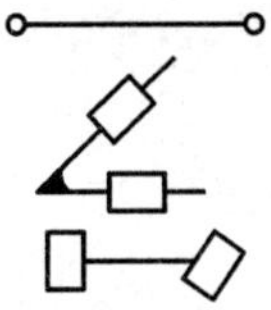

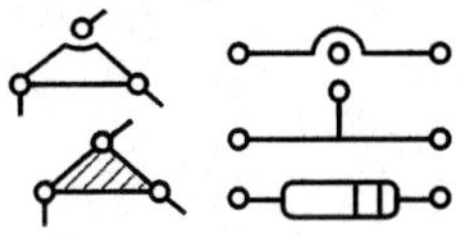

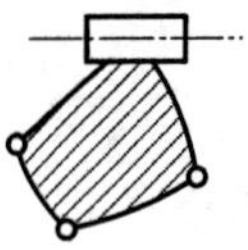

名称	两运动构件形成的转动副		两构件之一为机架时所形成的运动副
凸轮及 其他机构	凸轮机构	棘轮机构	带传动
齿轮机构	外齿轮	内齿轮	圆锥齿轮	蜗轮蜗杆

附录Ⅲ　常用名词术语中英文对照

摆杆	oscillating bar
摆动从动件	oscillating follower
摆动从动件凸轮机构	cam with oscillating follower
摆动导杆机构	oscillating guide-bar mechanism
摆线齿轮	cycloidal gear
摆线齿形	cycloidal tooth profile
摆线运动规律	cycloidal motion
摆线针轮	cycloidal-pin wheel
包角	angle of contact
闭式链	closed kinematic chain
闭链机构	closed chain mechanism
变速	speed change
变速齿轮	change gear, change wheel
变位齿轮	modified gear
变位系数	modification coefficient
标准齿顶高	standard addendum
标准齿轮	standard gear
标准直齿轮	standard spur gear
并联机构	parallel mechanism
并联组合机构	parallel combined mechanism
不完全齿轮机构	intermittent gearing
槽轮	geneva wheel
槽轮机构	geneva mechanism; maltese cross
槽数	geneva numerate
槽凸轮	groove cam
侧隙	backlash
差动轮系	differential gear train
差动螺旋机构	differential screw mechanism
差速器	differential
常用机构	conventional mechanism, mechanism in common use
齿槽	tooth space
齿槽宽	spacewidth
齿侧间隙	backlash
齿顶厚	addendum thickness

131

齿顶高	addendum, addenda(plu)
齿顶高系数	coefficient of addendum
齿顶线	addendum line
齿顶圆	addendum circle
齿顶圆半径	radius of addendum
齿顶圆直径	diameter of addendum
齿根高	dedendum
齿根圆	dedendum circle
齿厚	tooth thickness
齿距	circular pitch
齿宽	face width
齿廓	tooth profile
齿廓啮合基本定律	fundamental law of gearing, fundamental law of gear-tooth action
齿廓曲线	tooth curve
齿轮	gear
齿轮齿条机构	pinion and rack
齿轮插刀	pinion cutter, pinion-shaped shaper cutter
齿轮滚刀	hob, hobbing cutter
齿轮机构	gear
齿轮轮坯	blank
齿轮传动系	pinion unit
齿轮联轴器	gear coupling
齿条传动	rack gear
齿数	tooth number
齿数比	gear ratio
齿条	rack
齿条插刀	rack cutter, rack-shaped shaper cutter
齿式棘轮机构	tooth ratchet mechanism
重合度	contact ratio
传动比	transmission ratio, speed ratio
传动机构	actuations
传动角	transmission angle
传动系统	driven system
串联式组合机构	series combined mechanism
创新设计	creation design
从动件	driven link, follower
从动件平底宽度	width of flat-face
从动件停歇	follower dwell
从动件运动规律	follower motion

大齿轮	gear wheel
当量齿轮	equivalent spur gear, virtual gear
刀具	cutter
等加速等减速运动规律	parabolic motion, constant acceleration and deceleration motion
等速运动规律	uniform motion, constant velocity motion
等径凸轮	conjugate yoke radial cam
等宽凸轮	constant-breadth cam
等效构件	equivalent link
等效转动惯量	equivalent moment of inertia
等效动力学模型	dynamically equivalent model
低副	lower pair
端面齿距	transverse circular pitch
端面齿廓	transverse tooth profile
端面重合度	transverse contact ratio
端面模数	transverse module
端面压力角	transverse pressure angle
对心滚子从动件	radial (or in-line) roller follower
对心直动从动件	radial (or in-line) translating follower
对心移动从动件	radial reciprocating follower
对心曲柄滑块机构	in-line slider-crank (or crank-slider) mechanism
多项式运动规律	polynomial motion
发生线	generating line
发生面	generating plane
法面	normal plane
法面参数	normal parameters
法面齿顶高系数	coefficient of normal addendum
法面齿距	normal circular pitch
法面模数	normal module
法面压力角	normal pressure angle
法向齿距	normal pitch
法向齿廓	normal tooth profile
法向直廓涡杆	straight sided normal worm
法向力	normal force
范成法	generating cutting
仿形法	form cutting
飞轮	flywheel
飞轮矩	moment of flywheel
非标准齿轮	nonstandard gear
非圆齿轮	non-circular gear

分度线	reference line, standard pitch line
分度圆	reference circle, standard (cutting) pitch circle
分度圆柱导程角	lead angle at reference cylinder
分度圆柱螺旋角	helix angle at reference cylinder
复合铰链	compound hinge
复合式组合	compound combining
复合轮系	compound (or combined) gear train
复杂机构	complex mechanism
杆组	Assur group
高副	higher pair
根切	undercutting
共轭齿廓	conjugate profiles
共轭凸轮	conjugate cam
构件	link
机构	mechanism
机构分析	analysis of mechanism
机构平衡	balance of mechanism
机构学	mechanism
机构运动设计	kinematic design of mechanism
机构运动简图	kinematic sketch of mechanism
机构综合	synthesis of mechanism
机构组成	constitution of mechanism
机架	frame, fixed link
机架变换	kincmatic invcrsion
机械创新设计	mechanical creation design, MCD
机械系统设计	mechanical system design, MSD
机械动力分析	dynamic analysis of machinery
机械动力设计	dynamic design of machinery
机械动力学	dynamics of machinery
机械的现代设计	modern machine design
机械平衡	balance of machinery
机械调速	mechanical speed governors
机械效率	mechanical efficiency
机械运转不均匀系数	coefficient of speed fluctuation
基圆	base circle
基圆半径	radius of base circle
基圆齿距	base pitch
基圆压力角	pressure angle of base circle
基圆柱	base cylinder

急回特性	quick-return characteristics
急回运动	quick-return motion
棘爪	pawl
极限啮合点	limit of action
极位夹角	crank angle between extreme (or limiting) positions
极限位置	extreme (or limiting) position
尖点	pointing, cusp
尖底从动件	knife-edge follower
间隙	backlash
间歇运动机构	intermittent motion mechanism
渐开线	involute
渐开线齿廓	involute profile
渐开线齿轮	involute gear
渐开线发生线	generating line of involute
渐开线方程	involute equation
渐开线函数	involute function
渐开线压力角	pressure angle of involute
简谐运动	simple harmonic motion
节点	pitch point
节距	circular pitch, pitch of teeth
节线	pitch line
节圆	pitch circle
节圆齿厚	thickness on pitch circle
节圆直径	pitch diameter
理论廓线	pitch curve
理论啮合线	theoretical line of action
力多边形	force polygon
力封闭型凸轮机构	force-drive (or force-closed) cam mechanism
连杆	connecting rod, coupler
连杆机构	linkage
连杆曲线	coupler-curve
啮合	engagement, mesh, gearing, action
啮合点	contact points
啮合角	working pressure angle, angle of action
啮合线	line of action
啮合线长度	length of line of action
诺模图	nomogram
盘形凸轮	disk cam
偏(心)距	offset distance

偏距圆	offset circle
偏置滚子从动件	offset roller follower
偏置尖底从动件	offset knife-edge follower
偏置曲柄滑块机构	offset slider-crank mechanism
平面副	planar pair, flat pair
平面机构	planar mechanism
平面运动副	planar kinematic pair
平面连杆机构	planar linkage
平面凸轮	planar cam
平面凸轮机构	planar cam mechanism
其他常用机构	other mechanism in common use
曲柄	crank
曲柄导杆机构	crank shaper (guide-bar) mechanism
曲柄滑块机构	slider-crank (or crank-slider) mechanism
曲柄摇杆机构	crank-rocker mechanism
曲率半径	radius of curvature
球面副	spheric pair
升程	rise
实际齿数	actual number of teeth
实际廓线	cam profile
实际啮合线段长度	effective length of line of action
实际啮合线	actual line of action
双滑块机构	double-slider mechanism, ellipsograph
双曲柄机构	double crank mechanism
瞬心	instantaneous center
死点	dead point
四杆机构	four-bar linkage
速度	velocity
速度不均匀(波动)系数	coefficient of speed fluctuation
速度波动	speed fluctuation
速度曲线	velocity diagram
速度瞬心	instantaneous center of velocity
凸轮	cam
凸轮倒置机构	inverse cam mechanism
凸轮机构	cam, cam mechanism
凸轮廓线	cam profile
凸轮廓线绘制	layout of cam profile
凸轮理论廓线	pitch curve
凸缘联轴器	flange coupling

136

图册、图谱	atlas
图解法	graphical method
推程	rise
行程速比系数	advance-to return-time ratio
移动从动件	reciprocating follower
移动副	prismatic pair, sliding pair
移动关节	prismatic joint
移动凸轮	wedge cam
应力－应变图	stress-strain diagram
运动方案设计	kinematic precept design
运动分析	kinematic analysis
运动副	kinematic pair
运动构件	moving link
运动简图	kinematic sketch
运动链	kinematic chain
运动失真	undercutting
最少齿数	minimum teeth number
最小向径	minimum radius

参考文献

[1] 孙桓.机械原理(第5版).北京：高等教育出版社，1996.

[2] 魏兵，熊禾根.机械原理，武汉：华中科技大学出版社，2007.

[3] 申永胜.机械原理教程.北京：清华大学出版社，1999.

[4] 张策.机械原理与机械设计.北京：机械工业出版社，2004.

[5] 刘江南.机械设计基础.长沙：湖南大学出版社，2005.

[6] 成大先.机械设计手册(机构).北京：化学工业出版社，2004.

[7] 孟宪源.现代机构手册.北京：机械工业出版社，1994.

[8] 华大年，华志宏，吕静平.连杆机构设计.上海：上海科学技术出版社，1995.

[9] 曹惟庆等.连杆机构的分析与综合(第2版).北京：科学出版社，2002.

[10] 赵韩，丁爵曾，梁锦华.凸轮机构设计.北京：高等教育出版社，1993.

[11] 吕庸厚.组合机构设计.上海：上海科学技术出版社，1996.

[12] 杨廷力.机构系统基本理论.北京：机械工业出版社，1996.

[13] 张策.机械动力学.北京：高等教育出版社，2002.

[14] 程崇恭，杜锡桁，黄志辉.机械运动简图设计.北京：机械工业出版社，1994.

[15] 朱龙根，黄雨华.机械系统设计.北京：机械工业出版社，1992.

[16] 王沫然.MATLAB6.0与科学计算.北京：电了工业出版社，2001.

[17] 余跃庆，李哲.现代机械动力学.北京：北京工业大学出版社，1998.

[18] 洪允楣.机构设计的组合与变异方法.北京：机械工业出版社，1982.

[19] 孙序梁.飞轮设计.北京：高等教育出版社，1992.

[20] 罗洪田.机械原理课程设计指导书.北京：高等教育出版社，2006.

[21] 郭仁生.机械工程设计分析和MATLAB应用.北京：机械工业出版社，2008.

[22] 申永胜主编.机械原理教程(第2版).北京：清华大学出版社，2005.

[23] 邹慧君，张青主编.机械原理课程设计手册(第2版).北京：高等教育出版社，2010.

[24] 王三民主编.机械原理与设计课程设计.北京：机械工业出版社，2005.

[25] 陆凤仪主编.机械原理课程设计.北京：机械工业出版社，2002.

[26] 蒋伯英，栾庆德编.机械原理课程设计.哈尔滨：黑龙江科学技术出版社，1988.

[27] 王淑仁主编.机械原理课程设计.北京：科学出版社，2006.